少年趣味科学丛书

奇妙 的 环保

QI MIAO DE HUAN BAO

环保

詹以勤 主编

邓文剑 盛如梅 著

广西科学技术出版社

图书在版编目（CIP）数据

奇妙的环保 / 邓文剑，盛如梅著. — 南宁：广西科学
技术出版社，2012.6（2020.6 重印）

（少年趣味科学丛书）

ISBN 978-7-80619-779-0

Ⅰ.①奇… Ⅱ.①邓…②盛… Ⅲ.①环境保护—少
年读物 Ⅳ.①X-49

中国版本图书馆 CIP 数据核字（2012）第 141782 号

少年趣味科学丛书

奇妙的环保

邓文剑　盛如梅　著

责任编辑 赖铭洪		**封面设计** 叁壹明道	
责任校对 陈业槐		**责任印制** 韦文印	

出 版 人 卢培钊

出版发行 广西科学技术出版社

（南宁市东葛路 66 号　邮政编码 530023）

印　　刷 永清县晔盛亚胶印有限公司

（永清县工业区大良村西部　邮政编码 065600）

开　　本 700mm×950mm　1/16

印　　张 12

字　　数 155 千字

版　　次 2012 年 6 月第 1 版

印　　次 2020 年 6 月第 4 次印刷

书　　号 ISBN 978-7-80619-779-0

定　　价 23.80 元

代序 致21世纪的主人

钱三强

时代的航船已进入 21 世纪，这个时期，对我们中华民族的前途命运来说，是个关键的历史时期。现在10岁左右的少年儿童，到那时就是驾驭航船的主人，他们肩负着特殊的历史使命。为此，我们现在的成年人都应多为他们着想，为把他们造就成 21 世纪的优秀人才多尽一份心，多出一份力。人才成长，除了主观因素外，在客观上也需要各种物质的和精神的条件，其中，能否源源不断地为他们提供优质图书，对于少年儿童，在某种意义上说，是一个关键性条件。经验告诉人们，往往一本好书可以造就一个人，而一本坏书则可以毁掉一个人。我几乎天天盼着出版界利用社会主义的出版阵地，为我们 21 世纪的主人多出好书。广西科学技术出版社在这方面作出了令人欣喜的贡献。他们特邀我国科普创作界的一批著名科普作家，编辑出版了大型系列化自然科学普及读物——《少年科学文库》（以下简称《文库》）。《文库》分"科学知识"、"科技发展史"和"科学文艺"三大类，约计100种。现在科普读物已有不少，而《文库》这批读物物有魅力，主要表现在观点新、题材新、角度新和手法新，内容丰富、覆盖面广、插图精美、形式活泼、语言流畅、通俗易懂，富于科学性、可读性、趣味性。因此，说《文库》是开启科技知识宝库的钥匙，缔造21世纪人才的摇篮，并不夸张。《文库》将成为中国少年朋友增长知识、发展智慧、促进成才的亲密朋友。

亲爱的少年朋友们，当你们走上工作岗位的时候，呈现在你们面前的将是一个繁花似锦的、具有高度文明的时代，也是科学技术高度发达的崭新时代。现代科学技术发展速度之快、规模之大、对人类社会的生产和生活产生影响之深，都是过去无法比拟的。我们的少年朋友，要想胜任地驾驶时代航船，就必须从现在起努力学习科学，增长知识，扩大眼界，认识社会和自然发展的客观规律，为建设有中国特色的社会主义而艰苦奋斗。

我真诚地相信，在这方面，《文库》将会对你们提供十分有益的帮助，同时我衷心地希望，你们一定会为当好21世纪的主人，知难而进、锲而不舍，从书本、从实践吸取现代科学知识的营养，使自己的视野更开阔、思想更活跃、思路更敏捷、更加聪明能干，将来成长为杰出的人才和科学巨匠，为中华民族的科学技术实现划时代的崛起，为中国迈入世界科技先进强国之林而奋斗。

亲爱的少年朋友，祝愿你们奔向 21 世纪的航程充满闪光的成功之标。

这本书告诉我们什么

当今之世，环境保护已经成为全人类关注的热点问题。实施可持续发展战略，关键是要搞好环境保护。

这本书的作者用生动的笔触，写下了一个个新奇的娓娓动听的故事：一个2000年前的大气污染受害者，"轰炸机"的坠落，花猫跳海，声音的奥妙，为大灰狼撑起"保护伞"，一起罕见的投毒案，房屋里的秘密，看不见的"杀手"，60双"手"半夜敲门，与巨猿交朋友的姑娘，"六足使者"显威风，科学家指挥的一场战斗，从污水中捞起的钻戒，沙漠里的故事……

亲爱的小朋友，在这些奇妙的故事里有着丰富的环保常识和环保法律、法规知识。看了这本书，如果能提高你们的环境意识和环境道德，那就太好了。

21世纪是环境保护的世纪，人类的环境保护任重而道远。亲爱的小朋友，让我们一起投身到崇高的环境保护事业的洪流中去吧，为了更加美好的未来！

目　录

古代的环境污染

一个惊奇的发现

集邮爱好者也许知道，我国邮电部在 1989 年 3 月 25 日发行了编号为 T·135 的一套《马王堆汉墓帛画》邮票及小型张。这套邮票由"天上"、"人间"、"地下"三枚组成，其直接取材于在湖南长沙东郊五里牌地区出土的马王堆汉墓帛画，十分逼真地再现了 2000 多年前我国古代绘画艺术的魅力。

在"人间"邮票画面上，有着一位手柱拐杖的贵夫人，周围有侍从们前跪后拥。她就是马王堆一号汉墓之墓主，西汉时期楚国杖侯利苍之妻，也就是引起世界震惊的那具西汉女尸本人生前的贵妇形态。历经 2000 多年后仍然保存完好的贵妇人尸体，于 1974 年从马王堆古墓发掘出来以后，我国医学研究人员曾对其进行过生理解剖。人们惊奇地发现，这位贵夫人的双肺有着明显的广泛性肺叶炭末沉着，她那依旧保留着弹性的肌肤软组织里含有铅、汞等有毒元素。也就是说，2000 多年前的这位贵夫人，确确实实是一个环境污染的受害者。

一个 2000 年前的大气污染受害者

　　2000 多年以前的西汉是以农耕为主的时代，怎么会产生如此严重的环境污染公害病呢？这就引起了环境保护工作者的浓厚兴趣。他们对西汉时期贵族住宅及随同女尸出土的大量殉葬物进行了考证和研究，终于揭开了这起古代环境污染事件的谜底。

　　原来，在 2000 多年前的西汉，就有了冬天在屋子里用木炭火盆取暖的习俗，而且当时南方的房舍一般都没有通风的烟囱，取暖时，木炭火盆产生的烟气终日缭绕于室内，是极难散发到户外的。楚国杖侯夫人虽为达贵，也只能享用木炭火盆，因此她也不可避免地受到木炭烟尘的侵袭。由于贵夫人深居简出，而受害之深较之别人可能更甚，于是其双肺肺叶长久地吸纳木炭烟尘微粒的沉着物，终于被确诊为是受到煤烟型大气污染的受害者。

　　在西汉马王堆古墓中发掘出来的大量珍贵的殉葬品中，考古工作

者还发现了大量含铅白的化妆品，含朱砂或铅丹的滋补养生药物等。楚国杖侯夫人在生前十分注重容颜的修饰和养生之道，浓妆淡抹施粉黛，吞服丹药求长生。然而，她万万想不到，她长年施用的铅白脂粉中含有铅、汞等有毒有害物质；她长年服用的朱砂（氧化汞）、铅丹（氧化铅）等滋补药物中，含有大量有毒有害物质，长期吞服这些"养生补药"，会使汞、铅等污染物慢性蓄积在人体内。这位曾一味追求养颜、长生的古代贵妇人由于受化妆品与养颜补药之害，终于成了中外环境史上罕见的古代环境污染受害者的明证。

古罗马人的偏爱与悲剧

在国外流传着这样一个故事：2000 多年前，古罗马皇帝尼禄特别宠爱一位年轻的大臣，他的名字叫拉克苏。拉克苏聪明过人，文武双全，他的口才和酒量更是超越常人，满朝大臣中没有人能与他相比。

拉克苏有个美若天仙的妻子，周围的人都羡慕他们是男才女貌，最佳姻缘。可是，结婚5年后，他们还没有孩子，这可急坏了拉克苏。要是没有人继承他的高官和财富怎么办？拉克苏终日愁容满面。他花了许多钱，请遍所有的名医为妻子看病，好不容易，妻子终于怀上了孕。可谁料到，天有不测风云，妻子怀孕3个月后的一天，拉克苏刚回家，家人就向他禀报了一个十分不幸的消息：他的妻子流产了。拉克苏惊呆了！养尊处优的妻子怎么会无缘无故流产呢？连医生也说不出是什么原因。拉克苏从此闷闷不乐，终日借酒浇愁。一年又一年过去了，尼禄渐渐发现他的这位宠臣发生了巨大的变化。原来口齿伶俐、善于雄辩的拉克苏变得口齿不清、语无伦次了：原来英俊潇洒、气宇非凡的风度不知何处去了，如今连走路都跌跌撞撞了。尼禄见他为孩子的事一蹶不振到如此地步，很不满意，多次提醒他少喝酒。可是拉克苏听不进去，依然天天喝得酩酊大醉。

拉克苏越来越憔悴，越来越瘦弱，没过几年，这个正当壮年的拉

克苏就不明不白地死了。医生检查不出他的死因，只能给他下一个笼统的结论为"痛风"。在当时，不少贵族的死因找不出来，医生都是以"痛风"来定论的。

今天的考古学家和医学专家经过大量的调查研究，终于找到了"痛风"病的根源——铅中毒。

考古研究者在发掘古罗马贵族、王公的墓葬时，发现这些千年古尸的尸骨上常有一些奇怪的黑斑。经分析，这是沉积于骨骼中的铅与尸体腐烂时产生的硫化氢作用而生成的硫化铅黑斑。

原来，古罗马人喜欢用铅制作水管、酒壶。当时贪婪的商人为了增加胡椒粉的重量，还常常在胡椒粉中掺入红铅；人们在烹调食物时也都采用了铅、锡蜡和铅焊制的器皿，甚至在饮料和葡萄酱中加入铅丹，以去除酸味。为了增加葡萄酒的色香味，人们总爱将煮沸的葡萄汁倒进铅制的盛酒容器中。

拉克苏以海量著称，再加上天天狂饮，因而导致了严重的铅中毒，最后因"痛风"病而死去。他妻子的流产也正是因食物中含铅量过高而造成的。

古罗马人也许没有料想到，他们对铅制品的偏爱，却成了一种制造环境污染的自虐行为。

古代环境污染也很普遍

当今，人们普遍认为，环境污染只是现代经济和社会发展，特别是现代工业发展的产物，而古代人则悠然地生活在十分宁静、洁净的自然环境之中。其实不然，考古发现和历史研究都证明，我们的祖先同样也饱受环境污染之患，只是限于那时的科学和认识水平，他们的这种受害常处于不知不觉之中。

据史料介绍，早在 3000 年前，我国的炼丹士就与汞打交道了。古书上常有这样的句子："颜如渥丹"、"面寇玉，唇芳涂朱"，用以形容女子的美貌。其中"丹"是指丹砂；"朱"就是银朱，两者实际为一物，即硫化汞。"丹"、"朱"的施用，不仅在豪门富家盛行，还进入平常百姓家中。

古代化妆品不仅受到东方女子的青睐，还得到世界各地女性的好感。古希腊女子用白铅粉抹脸，用朱砂（硫化汞）涂双颊和嘴唇，她们使用化妆品的数量，常常较东方女子更甚。

就这样，在人类漫长的历史长河中，在人们无数次追求美的浪潮中，化妆品中的汞、铅化合物在为女性增添美的魅力的同时，也损害了她们的健康。

古代环境污染的明证，不仅仅在我国马王堆古墓和古罗马墓葬中发现。当代考古学家对加那群岛的一具古尸进行解剖后，发现其肺叶中有一层厚厚的烟黑。科学家考证后认为，在美洲大陆，古代印加帝国的环境污染是相当严重的。

不要把天空弄脏

卫星看不见的城市

1979 年，联合国环境规划署的工作人员为了摸清世界各地的环境状况，对卫星遥测照片进行了分析。他们惊奇地发现，中国东北地区有座工业城市"失踪"了。据调查，这座占地43.2平方千米的城市既没有迁移，也没被湮灭，而是被浓厚的烟云遮盖了。哎，大气污染竟然使卫星的"千里眼"也失灵了。

这座"失踪"的城市就是辽宁省本溪市。本溪原来是一个风光秀丽的旅游胜地。那里不仅有驰名遐迩的太子河，还有被称之谓北国奇绝的大水洞，这个大水洞可与桂林的七星岩、芦笛岩等媲美。洞中的石笋、石幔、石钟令人赞叹不已，洞中的小汽船令人留连忘返。那么，美丽的本溪市为什么会"失踪"呢？

救救本溪

本溪市是以生产钢铁、水泥、煤炭等为主的工业城市。在市区星罗棋布的 420 家工厂中，就有排污企业 200 多家，大大小小的烟囱数

以千计。铁厂、焦化厂飞出的"黑龙"，炼钢厂飞出的"黄龙"，水泥厂飞出的"灰龙"，三色巨龙在本溪市上空翻腾盘旋，弥弥漫漫，遮天蔽日；更有数万辆机动车日夜排放的尾气，使本来已严重污染的空气更加恶化。本溪每年烟尘和工业粉尘的降尘量高达20万吨，听了真能叫人吓一跳！

除了烟尘和工业粉尘，本溪市每年还要排放出大量的有毒有害气体，其中二氧化硫年日平均浓度为每立方米0.19毫克，这足以严重损害人体健康了。

烟尘染黑了天空，染黑了房屋，染黑了树木，染黑了人们的衣衫；更厉害的是，把人们的胸肺也染黑了。

这里有一个真实的悲剧：在沈阳一家医院，当白衣天使将一位患者的胸腔打开，看到变了色的肺时，就断言道："他是本溪人！"果然被她言中。

本溪有几个乡，数年征兵体检，没有一个青年合格，主要原因是

大气污染损害了青年一代的健康。

　　本溪市民的呼吸道疾病、肝病、癌症发病率在某一时期曾呈逐年上升趋势。癌症死亡率由 1973 年的万分之二点六，增加到 1985 年的万分之五点四，其中肺癌死亡率增加了 2.2 倍。

　　在20世纪80年代至90年代，本溪还发生20多起较大的污染事故，其中人、畜、禽中毒死亡事故4起，六七百公顷农田受害，直接经济损失1000多万元，间接经济损失达3亿元。

　　本溪市民在饱尝环境污染之苦后，曾大声疾呼："救救本溪！"有的市民提出："谁能治理好污染，我们就选谁当市长！"

让本溪重现蓝天白云

本溪是三四十年代建立起来的工业原料基地，冶金、煤炭、建材等大企业的设备落后，废气、废水、废渣排放量大，工业布局又不合理，工厂和居民区混杂在一起，所以环境污染治理的难度很大。加之本溪市四面环山，烟尘不易消散，以致大气污染治理更加困难。

近年来，在党中央和国务院的关怀下，本溪市对环境污染进行了大规模的综合整治。浓黑的云盖已经揭掉，人们终于可以看到蓝天白云了。饱尝大气污染之苦的本溪人，环境意识越来越强，环境建设越来越有力。这座古老的山城，将会重现山清水秀、人杰地灵的生态环境。

"轰炸机"坠落

"轰炸机"可不是真正的飞机，它是一只秃鹰。这只秃鹰的嘴巴又大又尖，爪子好像锋利的刀子，乌褐色的两只翅膀舒展开来足足有 2 米多长。这只威武雄健的秃鹰被挑选为 1984 年在洛杉矶举办的第 23 届奥运会开幕式的主要角色之一，因为它将代表美国在运动会会场上空绕飞几周。届时，它将成为成千上万人眼里的"明星"。

"轰炸机"知道自己肩负着如此重大而光荣的历史使命，因此格外起劲地按照监护人的指挥到运动场上空试飞。

开始，监护人对"轰炸机"的彩排非常满意。可是，过了几天，监护人发现"轰炸机"越飞越没劲了，吃的东西也越来越少了。在精心喂养了几天后，就要临近运动会开幕的日子了，"轰炸机"不得不重

振精神，到运动会会场四周进行试飞。它展开巨翅在空中飞着飞着，突然一个俯冲，坠下地来，监护人赶紧跑过去，只见可怜的秃鹰翻了两下眼皮，悲哀地惨叫了一声，一动也不动了。

监护人十分伤心，但又很奇怪，他对"轰炸机"的护理和训练都是相当正确的，它怎么会死去的呢？于是要求兽医解剖尸体来确定死因。兽医按照他的要求做了，惊奇地发现"轰炸机"患的是肺尘病、血液中毒和血管破裂。经研究分析，这些病症都是由烟雾诱发的。各家报纸竞相报道，是臭名远扬的"洛杉矶烟雾"杀死了奥运会开幕式上的"演员"。"洛杉矶烟雾"是一种光化学烟雾，最早出现在汽车城洛杉矶。

淡蓝色的恶魔

洛杉矶是太平洋沿岸美国加利福尼亚州的一座滨海城市。原来那里风光秀美，气候宜人，千姿百态的绿色植物和随意走动的城市小动物与人们和谐相处，勾勒出一幅幅动人的生态画面。著名的电影中心好莱坞就坐落在它的西北郊。洛杉矶被人誉为"天使之城"，是一个令人驻足的游览胜地。

随着洛杉矶地区石油工业的开发，飞机制造工业、化学工业、交通业以及其他行业的迅速发展，人口开始激增，交通也发达起来了，这个有700多万人口的城市，汽车多达数百万辆，每天耗费汽油600多万加仑。

这座城市在20世纪40年代就出现了一种浅蓝色的刺激性烟雾，有时几天不散，使许多人喉头发炎，眼鼻受到刺激，而且有不同程度的头痛，严重的会造成死亡。洛杉矶一年中有数十天烟雾严重，因而又被人称为"美国的烟雾城"。

经过七八年的调查，终于弄清了原因。1951年，加利福尼亚大学斯密特教授提出洛杉矶烟雾不是二氧化硫引起的，而主要是汽车尾气中未燃尽的大量碳氢化合物和氮氧化物引起的。

洛杉矶光化学烟雾的形成，还与其特殊的地理环境和气象条件有关。洛杉矶三面环山，一面临大洋，形成50千米长的口袋形盆地。由于东南北三面山脉的阻碍，只是西面刮来海风，因而光化学烟雾扩散不出去，长期停滞在市内，毒化空气，形成污染。

1955年9月，严重的大气污染再遇上气温偏高，洛杉矶烟雾浓度更加高了，结果两天之内就有400多名65岁以上的老人死亡，相当于平时的3倍多。这就是臭名远扬的洛杉矶光化学烟雾事件。

光化学烟雾不仅危害人体健康，而且使家畜患病，破坏农作物生长，腐蚀建筑物；还会使橡胶老化，染料褪色。

由于光化学烟雾使空气浑浊，空气能见度差，影响汽车和飞机的安全行驶，车祸和坠机事件也会增多。

光化学烟雾可怕又可恨，人们管它叫"淡蓝色的恶魔"。

在同一片蓝天下

今天，世界各国已经都来关心大气保护了。人们利用科学技术的进步，加紧了对大气污染的治理。在许多城市，"黑龙"、"黄龙"、"灰龙"被缚住了，"淡蓝色的恶魔"被驱走了。昔日以公害闻名的洛杉矶又恢复了原来秀丽的景象，再度成为旅游胜地。世界著名的雾都伦敦，再也没发生过烟雾事件，并且已经是无烟城市了，曾经消失了的100多种小鸟又飞回来在枝头歌唱，为现代大都市增添了情趣。日本东京消失多年的蜻蜓、萤火虫等又回来了。我国的环境模范城市厦门、珠海、大连、深圳……也在向世人展现迷人的风姿。在同一片蓝天下，为了保护空气的清新，为了不让那些可怕的大气公害事件发生，全人类都在进行着努力。

空中"死神"——酸雨

彩带怎么变色了

　　1979 年 10 月的一天，贵州省遵义市某小学的少先队大队长王丽芳正和同学们一起排练舞蹈。她们手持彩带，边歌边舞，高兴极了。忽然，天上下起雨来了，那雨虽然不大，落到人身上却像被小虫"蜇"了一下似的刺痛。蒙蒙的细雨"蜇"得同学们难受死了，有的吓得"哇哇"直叫，大家拼命地朝教学楼里奔逃。回到教学楼之后，大家急忙洗手洗脸，好一阵子才平静下来。王丽芳回到教室里，看到有两个女同学还捂住脸在哭，原来雨水钻进了她们的眼睛使人感到刺痛。王丽芳急忙陪她们到医务室去用蒸馏水冲洗。当她再次回到教室，她被自己刚才放在桌子上的彩带惊住了。原来，那些五彩缤纷的彩带全都变了色，有的还斑斑点点的，难看极了。看着自己那些被雨水伤害的同学，看着这些变了色的彩带，王丽芳心里一阵难过。她想，人们常常把从天而降的雨水比作甘露、琼浆，感谢雨水对大地万物的滋润和抚慰。不久前，老师还教我们读杜甫的诗句："好雨知时节，当春乃发生；随风潜入夜，润物细无声。"雨水是多么美妙，多么富有诗意呵！

可是，她做梦也没想到，今天会遇到如此可怕的雨水。

原来，王丽芳和同学们遇到的是一场酸雨。据资料记载，遵义市的这场酸雨下了足足 31 个小时，是一次相当严重的大气污染事件。

石头人的遭遇

河南省巩县有个国家重点文物保护单位——宋陵。"七帝八陵"埋葬着北京七个皇帝和宋太祖赵匡胤之父。八个陵墓的"神道"两侧，对称地排列着雄伟壮观、形态各异的文官、武士以及马、狮等石像。这是我国现存的最大的宋代石刻造像群，至今尚有七百多尊。

20世纪80年代初，人们发现石人石马在短时期内腐蚀得厉害，很多石人的面目已经模糊不清。巩县文物管理所所长傅永魁告诉人们，这是巩

县乡镇企业造成的大气污染所致，这个地区经常有酸雨发生。他十分感慨地说："要是附近的工厂再不搬迁或转产，用不了多少年，这些珍贵的石人都会变成石檄子。这是有钱也买不到的稀世之宝啊！"

巩县的乡镇企业发展得很快，在14700多家乡镇企业中，相当一部分是化工、建材、造纸、电镀等对环境污染比较严重的行业。这些工厂排放的"三废"大部分未经处理就进入环境，祸及石人石马。

乡民们的遭遇就更惨了。过去，巩县每年可收获柿子一百多万千克，20世纪80年代初，因受有害气体的侵蚀，柿树不能正常开花，柿子已寥寥无几。有些地方的苹果树，因连年缺花少果，农民只得忍痛砍掉。在一些铝钒土烧结工厂周围，谷子不抽穗，小麦不扬花、不结籽。巩县的大气质量比河南省污染最严重的工业城市还要差。由于铝矿石窑厂、耐火材料厂等遍布，氟污染严重，不少人患有氟骨病和氟斑牙病。有些村庄的耕牛，使用一二年就趴下站立不起来了，原来是患了氟骨病。

面对河南省巩县饱受创伤的石人石马，我们想，如果能大力加强对乡镇企业环境污染的整治，保护好这些名胜古迹，把周围的环境建设得优美清新一点，肯定会吸引大批中外游客。随着旅游业的发展，还可以带动饮食、服务、交通、邮电等行业，当地人民肯定会更富裕、更幸福。

"土法炼磺"害人又害己

我国西南某地的山峦之中蕴藏着极为丰富的硫、煤等资源。20世纪80年代以来，个体户和联户兴办了一批又一批的"土法炼磺厂"，建造了1500多座土法炼磺炉。土法炼磺不仅要排放大量含有砷、汞、镉等的有害废水，与此同时，还要排放有害气体——每炼 1 吨硫磺要排放 1000 立方米的有害气体，其中含有大量二氧化硫和硫化氢等物质。据有关部门测试计算，每排放 10 万吨二氧化硫，经过自然催化，遇雨沉降，相当于 15 万吨浓硫酸倾入江河，洒向大地，其恶果可想而知。

在西南某地的这个土法炼磺区，由于排放的二氧化硫和硫化氢过多，酸雨不断，整个炼磺区寸草不长，挖地三尺也找不到蚯蚓、蚂蚁。不仅树木、庄稼全部枯死，连山上的岩石也变成白色。

土法炼磺污染不仅坑害了别人，也坑害了自己。

在这一地区，常常可以看到一些人的牙齿焦黑，牙龈灰黑，脸无血色。不用问，一看外表，准知道这就是炼磺的人。他们的肺里吸收了大量的有害气体，呼吸道、消化道受到严重的伤害，炼磺者的得病率和死亡率极高。

面对这些土法炼磺区的变了色的伤痕累累的岩石，我们想，如果能用科学武装乡民，合理开发资源，用硫铁矿直接生产硫酸，用先进的科学的方法炼磺，那么山区人民就可以走出一条金光大道——环境保护和经济建设协调发展的新路子。

峨眉山冷杉的呼唤

峨眉山是佛教四大名山之一，也是我国有名的旅游胜地。登上海拔 3077 米的金顶，可以观日出、云海、"佛光"。站在金顶极目远望，几十千米外的大小雪山历历在目，气象万千，十分壮观，所以人们常说，不登金顶揽胜，就不算来过峨眉。

但是，登金顶看日出、"佛光"，也要有好运气。因为金顶地区雨雾多，一年之中有雾之日在 250 天左右。

20世纪90年代初，峨眉山出现了一个奇怪的现象，这就是千百年来一直郁郁葱葱的冷杉林突然成片成片地枯黄凋零，金顶地区冷杉枯死的情况更为严重。专家们调查研究了好久，最后把目光集中在从天而降的雨、雪、雾上。于是他们用玻璃瓶采集凝附在叶片上的云雾水珠，经过化验分析，发现峨眉山地区的酸雨污染已十分严重。降水、云雾的酸度大，酸雾发生率高达88％，已对植物产生了严重的危害。

酸雨、酸雾、酸雪极大地伤害了冷杉的叶片。它们把片叶中的营养离子淋出，破坏叶片细胞，使气孔控制功能失调，伤害了植物叶片的叶绿体，损害它的光合作用的功能……冷杉林成片成片地丧失了。

站在峨眉山顶，风吹树叶沙沙作响，我们仿佛听到冷杉在大声呼唤："还我清新空气，还我绿色生命！"

空中死神——酸雨

酸雨、温室效应和臭氧层破坏，被称为当今人类面临的三大环境问题。在工业燃料和生活燃料中，煤、石油及其他燃料中都含有不同量的硫。在燃烧中，绝大多数的硫变成二氧化硫，随烟气排放到大气中；在阳光、水蒸气及飘尘等的化学作用下，转变成硫酸和硫酸盐，以硫酸雾的气溶胶形式，在空中飘荡或寄存在云雾中；遇到降雨的天气，硫酸被冲洗下来，降落到地面，就变成含有硫酸的酸雨了。

酸雨对森林的危害是立体式的，它能使树叶枯黄，土壤酸化，腐殖质矿化延缓，生态系统营养循环破坏。

酸雨对湖泊的危害极为严重。酸雨落到湖泊中，时间一长，湖水变酸，蝾螈的卵不能孵化，蛙类开始死亡，作为食物链基础的浮游生物也随之消失。如果湖水极度酸化，看上去水体晶净透明，却是死一般的沉寂，听不到蛙鸣，看不见游鱼，真如"水中坟墓"。

酸雨的降落可引起土壤酸化，从而使土壤养分减少，并加快毒害元素释放，同时抑制土壤微生物活动性。这样土壤性质就恶化了。

酸雨对建筑物、雕塑的腐蚀相当严重。我国北京故宫的汉白玉雕刻、天安门前的玉石栏杆层层剥落；英国特拉法加广场上的英王查理

一世塑像遍身孔隙，面目全非；雅典的由大理石建成的巴特农神庙、埃雷赫修庙的建筑物和雕像等古迹，因酸雨腐蚀而变得斑斑驳驳。印度泰姬陵是 17 世纪印度莫卧尔王朝第五代皇帝沙贾汗为纪念其爱妻泰姬·冯哈尔而修建的，近 20 多年来，由于周围地区建起 2000 多家工厂，排放大量酸性气体，使原来洁白如玉的大理石变了色。

防治酸雨的根本措施是减少二氧化硫和氮氧化物的排放。所以我们要开发利用清洁能源，尽量使用低硫燃料，增加脱硫装置，控制汽车尾气排放……

地球上的水够喝吗？

你看了这个题目，一定觉得好笑。地球表面的 70% 的面积是水，水会不够喝吗？可是，你知道吗？实际上这 70% 面积的水中，有 97.5% 的水是咸水，只有 2.5% 是淡水。这些淡水 70% 冻结在南极地区，有的在土中和地层深处。可见，世界上可供人用的淡水是极为有限的。如果水被污染了，人总有一天会渴死。

我国的水资源总量排在世界第 6 位，按人平均量却排在世界第 84 位。

水是生命之源，我们一定要爱护水环境，要节约用水。

守着淮河没水喝

淮水滔滔，守着淮河，有用不完的水。

可是，谁能想到，淮河两岸有的居民曾为喝水发愁呢。

从 1996 年春节开始到 6 月，淮河边上的一个重要城市蚌埠，只是那里的居民竟守着淮河没水喝。是淮河干了吗？不是。只是那里家家户户自来水龙头里流出来的水都是臭水，用这种水煮东西，臭气可以绕梁三天不散。原来，水里含有大量硫化氢，水被污染了。

于是，城里到处是卖水的吆喝声，到处有人提着水桶买水喝。

最惨重的一次是 1994 年 7 月，在安徽的盱眙县，所有的庄稼颗粒无收；黑水中到处是死鱼、死虾；成群的蛤蟆、乌龟、甲鱼挣扎着爬上岸，渴得奄奄一息；许许多多的蚯蚓涌出地面死了，白花花地一片。

有个男孩用自来水洗了个澡，第二天浑身就发起红疹，痛得又哭又叫。他的爸爸妈妈只好买来几十瓶矿泉水给他冲洗，才使病情缓解下来。

南京军区连夜出动 20 台喷水车支援盱眙，安徽驻军也出动 30 多辆运水车。但是，在盱眙还是水比油贵。人们深深感到：世界上可以什么都没有，但决不能没有水。

美丽的焦冈湖是淮河边有名的大湖，它是安徽省著名的养殖基地，湖里水生动植物名目繁多，螺蚌鱼虾蟹琳琅满目，特别是鳜鱼、鳗鱼、清水蟹闻名海内外。

1994年夏季的特大污染，给焦冈湖当头一棒。7月的一天早晨，渔民们突然发现湖水变色，本来清澈明亮的湖水混浊得像淘米水。接着名贵的鱼桂花鳜、团头鲂、螺丝青，一条条肚皮朝天漂浮在湖面上。后来，连横行霸道的大闸蟹和甲鱼，也成群结队爬上岸来，没精打采。哎呀，这湖里鱼蟹呆不住了哇。短短两天，焦冈湖水80％被污染，当年投养的43万千克的鱼仔和4.3万千克的蟹仔统统被毒死。

沿湖放养的麻鸭和塘鹅，见鱼儿蹦上湖面，谁也不肯放弃这美味佳肴，争先恐后地跳进湖里大嚼起来。没过几天，凡是下湖吃过死鱼死虾的麻鸭、塘鹅，只只烂喉，脱毛死了。

渔民们扑在湖边号啕大哭。

我们要喝清水

看看沈丘县回民小学的同学用毛笔写的一段话："救救我们吧！水被污染了，我们要喝清水。"

沈丘县是颍河由河南入安徽的最后一站。30年前为治淮河，这里修起了"槐店大闸"。

从1986年起，这个蓄水量达1亿立方米的大闸演变成拦污截垢的屏障，平日里毒水沉淀着"猫冬"，开闸一搅动，这毒就统统出来了。

看看1985年6～7月开闸放水的一幕：开闸的4个工人当场昏倒；紧靠大闸的沈丘县灯泡厂17名职工立马撂倒，中毒住院；大群麻雀飞达大闸立即像雨点般往下落；大闸旁有座大闸公园，公园里几只猴子突然全部变成瞎子，通宵达旦传出可怕的嚎哭声；河旁树木几天里全被熏死，过路人当场被熏倒……

是谁杀死了淮河?

淮河是支流最多的河流,淮河流域也是乡镇企业最密集的地区,据说有 100 多万个。这类企业厂小排污量大,举个例说吧!河南漯河市第一造纸厂,每年造纸 35000 吨,每年排出比酱油汤还稠的黑水 500 万吨,这些脏水自然只能往淮河排。

淮河边上有个赫赫有名的"中日合资莲花味精集团",在淮河流域数以万计的污染大户中,"莲花集团"是头号污染大户。

这个集团由老味精厂、淀粉厂、化肥厂及纸箱、塑料等配套企业组成,分别设有好些排污口。国家环保部门的排污检测表明:该集团每天排污水 7 万余吨。国家对农业灌溉水要求是很低的,规定 COD(化学需氧量——作为评价水体受有机物污染的指标)限量 25mg/L(25 毫克/升),而"莲花集团"排污口 COD 含量竟达 39500mg/L,超标 1580 倍,真可怕呀!

"水是黑的"

在杀死淮河的各小厂中,若说小造纸厂、小化工厂、小酿造厂是将淮河染黑搞臭,那么小制革厂就是将淮河毒死。

建造正规制革厂要求是很高的,可是那些乡镇小厂却十分简陋,他们只用钱弄个许可证,什么卫生特征分析、人群健康、固体废弃物、有害气体等等,一概不管。

制革鞣皮,整个过程像在滚筒洗衣机里洗衣服,能产生 10 余种含毒物质。因为鞣皮时必须使用一种叫"红矾"的剧毒物,毒性比砒霜

还大，所产生的"铬鞣废液"对动植物危害极大。其中含有的铬，人体只要摄入 0.5 克，就会致癌，再多一点点马上会死。

制革废气中还含有砷，也是剧毒物。制皮人只要钱不要命，制革厂的剧毒污水也都排入淮河。淮河被这些"小杀人工厂"杀害了，水变得又黑又臭。黑到什么程度？黑到写大字不用磨墨。有人问河边的小孩："河水是什么颜色的？"八岁以下的孩子都这样回答："黑的。"因为淮河有的支流，10 年来水始终是乌黑的。

能再让神猴来作怪吗？

你一定知道大禹治水的故事，它就发生在淮河。

大约 4100 年前，大禹治水曾三次到桐柏山（淮河的发源地），发现那地方总是刮大风打大雷，石头啸叫，树木哀号，使治水工程没法开展，大禹十分生气，后来查明是淮河水神无支祁作怪。无支祁是一只神猴，身体青色，头发雪白，两只眼睛闪闪发光，力大无穷。大禹派人抓住了它，在它的颈上锁上铁链，鼻孔里穿了金铃，压在淮阴龟山下。神猴问："什么时间刑期满？"大禹说："淮河水清，你就蹲着，淮河水混发臭，你才能出来。"大禹心里想，淮水长流，永远是清水，你无支祁就别想出来了。大禹万万想不到，这滔滔淮水，竟然会发黑发臭呀！

当然，淮河流域1亿5千万人不会答应让又黑又臭的淮河再存在下去，让神猴再出来作乱。

淮河水 2000 年变清

淮河的特大污染惊动了北京，宋健主任等到淮河流域检查，并代表中国政府宣布：一定要让淮河水在 2000 年变清。

接着，中国政府作出环保史上最大的举措——强行关闭淮河流域的污染工厂，三年来关闭了 5700 多家。国家还拿出 150 亿元人民币，在淮河两岸建造了 57 座污水处理厂。

水葫芦掩盖了滇池的美

紫玲经常从姨母信中知道昆明的滇池非常非常美，250 千米滇池碧波荡漾。在湖边漫步，可见鱼儿嬉戏，海鸥成群飞翔……她向往已久。今年暑假，总算能到昆明姨母家度假了。第二天，就赶着去滇池，走到那里，只见全是水葫芦覆盖着湖面，海鸥也不见了。

她吃惊了，问："姨，这湖怎么这样难看，不是滇池吧？"

姨母叹口气说："小玲，是滇池，这水葫芦泛滥成灾，真让我们昆明人头痛呀！"

姨母告诉她，水葫芦原产在巴西、阿根廷等国家，20世纪70年代中期，我们把它引种到滇池，是作为观赏植物；另外它又是草鱼和猪的青饲料。开始水葫芦在水面上零星漂荡着，挺好看的，也增添了滇池的景色。

紫玲问："那现在怎么长这么多呢，划船把它们捞走不行吗？"

姨母说："每年打捞水葫芦，开支 50 多万元，你捞它长，发了疯地长。"

紫玲不明白了，以前水葫芦长得慢，现在怎么长得这么快呀？

姨母皱皱眉说："90 年代后期，城市污水排入滇池，滇池水质形成了富营养。就是说，养分过分充足了，正好给水葫芦享用，原来球形的茎秆长成纺锤形状，覆盖在水面上，遮挡了阳光，害得别的水生

植物都没长大就枯死了；鱼儿也因缺少空气，有不少窒息死去；海鸥吃不到鱼虾，也搬家了。"

紫玲听着差点哭了，跺着脚说："那怎么办，就让它们祸害滇池吗？"

姨母笑着说："先让你看看这个样子，过一个月再来可能就变样了。"

紫玲拉着姨母问："有好办法了？快说呀！"

姨母告诉她，中国农业科学院生物防治所与云南省环境监测中心联合，从阿根廷进口了100只水葫芦象甲和水葫芦螟蛾。

紫玲忙插嘴说："我猜象甲和螟蛾一定是大个儿，专吃水葫芦的，是吗？"

姨母说："你猜对一半，象甲和螟蛾都只有米粒那么大小，但能量大得惊人。生物学家先在20平方米的水面上试验，它们马上大显威风，钻进水葫芦茎秆里大吃大嚼，使疯长的水葫芦逐渐萎缩、死亡，很快这些小动物就繁殖出第二代了。"

紫玲欢喜起来："让小虫来吃水葫芦，一定很有趣。"

一个多月后，姨母又带紫玲来滇池玩，滇池有的地方真的又恢复了美丽的面貌了，海鸥也陆陆续续飞回来了。

紫玲望着滇池出神地说："我懂了，水是决不能污染的，一定要保护好。"后来她提了个问题：滇池里的水葫芦吃光了，象甲和螟蛾还会吃什么呢？

这正是生物学家担心的问题，如果处理不好，小虫也会成灾的。

花猫跳海

日本九州熊本县有一个海湾名叫水俣湾。水俣湾沿岸星星点点地座落着一个又一个的渔村，偌大的水俣湾地区，住着1万多渔民。白天，渔民们扬帆出海捕鱼，妇女们在海滩织渔网；晚上，男男女女围着渔火纵情歌舞。风光秀美的水俣湾，自古以来是渔家安居乐业的鱼米之乡。勤劳的渔民在这里代代相传，他们深深地热爱自己风清水洁的故乡。

木村君自小在水俣湾长大，他有贤良聪惠的妻子和一个活泼可爱的小女孩，家里还养着一只漂亮的小花猫——咪咪。清晨，他唱着渔歌出海捕鱼；晚上，在温暖的家里享受天伦之乐。

怪病流行水俣湾

1953年的一天，木村君捕鱼回来，看到一个十分奇怪的场面。那就是海湾岸边有群猫在"舞蹈"。这些生性机灵的小动物，此刻却如痴似醉。它们步态不稳，口角流涎，或突然疯狂兜圈，或东跳西窜，目光惊恐不安，神色暗淡，好像痛苦万分。最后，这些猫惨叫着，纷纷跳入海湾自杀而死。使木村君备感惊痛的是，他家的小花猫也在其中。

　　回到家中，木村君把海湾边触目惊心的一幕告诉了家人，女儿为失去可爱的小花猫而伤心地哭了好几天。

　　水俣湾的怪事越来越多，宽阔的海面上，不时泛起大片大片翻白肚的死鱼，一股股腥臭随风刮来，令人感到十分难闻；在海湾上空时起时伏的海鸥，不知什么缘故会突然坠入水中。过了一些日子，木村君听说附近村子里接二连三地出现了一些"中邪"的病人。这种病人开始时步态不稳、说话不清、神情痴呆，后来发展到神经失常、全身麻木，时而昏睡，时而兴奋异常，身体如弯弓；最后高声惨叫而死。人们把这种奇怪的病称作"水俣病"。

　　木村君万万没有料想到，3年后，厄运又一次降临他家。他发现女儿记忆力减退，说话迟缓、不连贯；有时突然大发脾气，有时沉默

无言；手脚笨拙，穿衣、用餐具显得别扭；后来，连走路都摇晃不稳，神志也不清楚了。木村君到处为女儿求医，却不见效，眼看着女儿病情一点点加重，真是心急如焚。

"水俣病"缘何而来

原来十分安宁的水俣湾出现了一片惨象，使渔民们个个惊恐不安。人们不知道这可怕的水俣病是怎么会发生的。

后来，医生和科学家对水俣湾的 100 多名"水俣病"患者进行了分析，发现这种病的发病时间集中在 4～9 月的捕鱼旺季。更奇怪的是，渔民及其家属发病率高，经常来水俣湾的钓鱼爱好者和吃鱼的人发病率高……人们终于找到了一个与"水俣病"发病有着密切关系的因素——吃鱼，吃水俣湾里的鱼。

医生和科学家们断定：猫发疯跳海也是因为吃了水俣湾的鱼，海鸥坠海同样是因为吃了水俣湾的鱼！

研究人员在对水俣病死者和疯猫的内脏器官进行解剖分析中，发现其中有锰、硒、铊、汞等毒物。他们又从水俣湾的鱼和贝中发现了这些物质。在对海水的检测中，也发现了这些物质。在水俣湾作祟的"邪魔"终于找到了。原来，这就是新日本氮肥公司所属工厂大量排入水俣湾的工业废水，这种废水中的汞是引发"水俣病"的罪魁祸首。这是因为水中的汞先是进入浮游生物体内，然后，小鱼吃了含汞的浮游生物，大鱼再吃了小鱼。日积月累，大鱼中的含汞浓度可达到海水含汞浓度的几万倍。人吃了这种鱼，便因汞中毒而引发了"水俣病"。

"水俣病"给当地人带来了很大的灾难。冲击最大的是捕渔业，因为鱼有毒，无人敢买鱼吃，渔业加工企业纷纷倒闭，成千上万的渔民和企业工人被迫失业。无数患者惨遭病魔之害，痛苦万分……

"水俣病"在蔓延

由于"水俣病"的祸根没有及时除掉，1958 年春，资方为掩人耳目，将含汞污水转排到水俣湾北部，造成新的污染区。半年后，在那里又出现了 18 个汞中毒病人。祸水继续横流，水俣病在日本各地迅速蔓延。1963 年，日本西海岸的阿贺野川流域下游的新潟县内，出现了大批的"自杀猫"、"自杀狗"。1964 年，当地 90％以上的猫都"自杀身亡"了。随后，当地不少的居民也相继出现了水俣病症状。短期内患者增加到 45 人，其中 5 人死亡，他们都是食用阿贺野川鱼最多的人。这一事件是由昭和电器公司鹿濑工厂排出的含汞废水引起的，因病症和"水俣病"相同，因此被称为"第二水俣病"。

日本熊本县水俣湾与新潟县阿贺野川两个地区共有汞中毒患者283人，其中60人死亡，水俣湾受害居民超1万人。这一事件给人们的教训是十分深刻的。

汞中毒不仅仅发生在日本

汞中毒不仅日本有，世界各国都有；不仅现在有，过去也有。举世闻名的科学家牛顿在1692年～1693年曾出现精神异常。这种精神变态的原因，一直鲜为人知。有人猜测牛顿的这段经历是因为长期过度用脑，使神经功能失调所致；也有人猜测牛顿在这段时间受到意外精神刺激；还有人猜测牛顿患的是一种神经性疾病。几百年来，种种猜测都有，但真正的原因一直没有得到确证。后来，英国的两位牛顿研究专家对牛顿后代保存下来的牛顿4根遗发进行分析，结果查出，牛顿头发中汞的含量及其他金属含量很高，与日本"水俣病"患者头发的含汞量大致相当，从而认为牛顿患精神异常症是因水银蒸气中毒所致。原来，牛顿晚年十分热衷于炼丹术。在炼丹的同时需要将汞与各种金属多次加热。在实验中，牛顿习惯用鼻嗅生成物的气味，还喜欢品尝（在他的实验笔记中，就有着"无味"、"甘甜"等品味记录）。在长期的实验过程中，牛顿就不知不觉地受到了汞污染的危害。

汞，普遍地存在于我们的生存环境之中。土壤里含有极为微量的汞，各种矿物、石油中都含有一定量的汞。自然界的汞周而复始地不断循环着，由于生物转化、火山爆发、风吹日晒等原因使汞汽化而进入大气，大气中的汞又随雨、雪、霜重返大地、江河湖海，并被植物吸收，辗转进入动物和人的食物链。不过这种自然循环由于分散在全球范围内进行，所以对人类的影响是微不足道的。正常人体内及尿液

中一般都可检查出微量的汞，这对人体健康是不会构成危害的。

不能让"水俣病"悲剧重演

　　"水俣病"的真正祸根在于人类经济和社会发展过程中，人为活动对环境的污染。目前，全世界每年因工业生产等经济活动向环境中排放的汞超过2万吨。现在，海洋中的汞储量已超过7000万吨。50年前，经食物摄入人体内的汞量平均每日约5微克，如今已达到每日20～30微克，严重污染地区甚至达到每日200～300微克，并有继续增加之势，这对人类的威胁是相当严重的了。前事不忘，后事之师。让我们牢记"花猫跳海"这惨痛的一幕，别让"水俣病"事件重演。

35

来自"蓝色家园"的报告

浩瀚无比的海洋，其面积占地球总面积的71％，它不仅起着调节陆地气候，为人类提供航运通道的作用，还蕴藏着无穷的资源，是一个巨大的聚宝盆。海洋是生命的摇篮，是人类和生灵万物的"蓝色家园"。科学家预测，21世纪将是海洋开发的世纪，海洋将成为人类获取食物、工业原料和能源的重要场所，将对人类社会的经济发展发挥极为重要的作用。然而，来自"蓝色家园"的报告却令人感到吃惊：人类不明智的行为，已严重污染了海洋！呼吁全人类都来保护"蓝色家园"，已经刻不容缓。

一、小丽莎巧遇奇观

1965年的夏天，在美国佛罗里达西海岸，夜里经过一场暴风雨之后，碧空万里，风平浪静，金色的海滩在阳光的照耀下格外迷人。小丽莎随父亲到海滨来避暑度假。他们一会儿在椰树林里奔跑，一会儿躺在沙滩上进行日光浴，一会儿到海岩边拾贝壳，真是高兴极了。忽然小丽莎吃惊地瞪大了眼睛，大声叫了起来："呀，看！红色的海潮！"听到她的惊呼，人们这才注意到，不知什么时候蔚蓝色的海面变成红色的了。红色的海浪一阵阵地冲上海滩，又退回大海，在沙滩上留下了一条条红色的线迹。看到这罕见的奇观，人们纷纷驻足，惊叹声随着海风四处飘扬。

小丽莎久久地站在海岩上观看，海面如同一块巨大的红色地毯，在海风的吹拂下，缓慢地涌动着。美丽的波纹在不断变化着，红色的浪花在阳光下蹦跳，真是迷人极了。小丽莎又拉父亲在海边留了个影。

可是，第二天她和父亲再来海边，却看到一片惨象。铺着红地毯似的海面到处漂浮着死鱼，腥臭味不住地扑向海滩，海岩边还躺着几只断了气的大海龟。小丽莎惊呆了。她没想到昨天这美丽的奇观背后却隐藏着如此巨大的杀机！她摸着趴在海岩边的一只一动也不动的大海龟失声大哭起来了，因为昨天这只温驯的大海龟还驮背着她在沙滩

上玩耍呢!

又过了一天,小丽莎离开了海滨,但她暗暗地下了决心,长大后一定要弄清大海龟死去的原因。

二、让人心痛的奇观——赤潮

小丽莎巧遇的红海潮名叫赤潮。20世纪以来,特别是50年代以来,日本、美国、委内瑞拉、澳大利亚、菲律宾、危地马拉、马来西亚等国的港湾海域,曾一次又一次地出现大范围的赤潮,极为严重地破坏渔业生产,危害了人体健康。

日本的濑户内海原是风光秀丽的大渔场,渔业产量占日本的二分之一,养殖占日本的四分之一。20世纪60年代至70年代,赤潮频频发生,渔业和养殖业几乎瘫痪。1967年日本海域发生48次赤潮,1971年发生133次,1975年发生326次。有的赤潮延续数年不退,导致海中生物大量死亡。

在我国海域,赤潮危及人的健康和生命的消息时有所闻。1986年1月,台湾省沿海居民吃了紫蛤,造成30人中毒,其中2人死亡。制造这一惨剧的是赤潮生物塔马拉亚力山大大藻。1986年11月福建省东山县杏陈乡村民因吃了赤潮发生区菲律宾蛤仔,造成136人中毒,其中1人死亡,罪魁祸首是赤潮生物裸甲藻。1989年11月,福建省福鼎县店乡下居民因吃了赤潮区采集的红带织纹螺,造成4人中毒,其中1人死亡。浙江省1967年至1979年因食用赤潮发生后采集的织纹螺而引起的中毒事件有40多起,中毒者423人,死亡23人。

三、赤潮是怎样形成的

赤潮是大海母亲的一种人为病态，是海体流淌的"浓血"。那么，赤潮是怎样形成的呢？这就要从人类的生产和生活活动说起。

俗话说：农作物营养三件宝，氮、磷、钾肥不可少。可见，有机物对农业作物是必不可少的营养。但是，对于水域来讲，如果过多的营养物质进入水体，造成水中生物过速繁殖，却会带来意想不到的灾难。

农业施用大量氮肥，真正被植物吸收的不过一半，其余部分有些就随流水进入江河湖海。

农牧业的牲畜粪便以及作物秸秆等也会供给水体有机营养。

食品、印染、造纸工业的有机废水，含有脂肪、蛋白质、纤维素，因而也含有不少氮、磷、钾。

生活污水中含有大量有机物，如洗涤剂中就含磷，饮食废物中也含有大量有机物。

陆地上的大量有机废物，经过人为作用进入江河湖海。水体营养一"富"，加上温度、光照等其他条件合适，某些水生生物，如浮游生物就过速繁殖，疯狂生长，覆盖海面。这些过量的浮游生物一般呈现铁锈般的红色，它们布满了海水，赤潮就形成了。

能形成赤潮的生物有180多种，我国海域便有60多种，绝大多数是肉眼所不能见到的形态简单、体色各异、随波逐流的浮游生物。赤潮的颜色，是由形成生物的种类所决定的。除了红色，还有黄、绿、褐、乳白、靛青等。

异常生长的赤潮生物占据了大量水域，它们疯狂繁殖、发育、生长，及至死亡时分解成无机盐和有机物时，都要消耗大量溶解在水中的氧气。然而，水中的溶解氧是极其有限的，当溶解氧消耗到一定程度，贝类、虾类、鱼类就要死亡。

有些赤潮生物（如裸钩虫）能分泌出一种使运动神经中毒的毒素，使水生生物麻痹、瘫痪而死。有些赤潮生物能分泌黏性物质附着在鱼、虾、贝的鳃瓣上，有的直接堵住海洋生物的呼吸系统，将它们闷死。

赤潮因有腥臭味被渔民俗称"臭水"。它不仅给捕捞业、海水养殖业和旅游业带来沉重的打击，而且会使海上作业人员以及生活在港湾沿海的人们不同程度地感染上呼吸道、胃肠道和神经性疾病。

为此，环境专家呼吁，在发展沿海地区经济、开发海洋资源的同时，必须注意海洋保护，慎防赤潮发生。

四、要为海豚讨回公道

美国得克萨斯州南部的墨西哥海岸，海风轻拂，水波荡漾，湛蓝的海面一望无垠，连绵的沙滩柔软温和，海岸上绿树成荫，景色宜人，是游客们度假的好地方。

小杰克约好几位小朋友，一大清早就来到海边度假游玩。清晨，大海碧波微漾，海风带着淡淡的咸味轻轻掠过。小朋友们注视着洒满金色阳光的海面，在寻找着他们最喜欢的海洋动物——海豚。海豚是多么可爱的动物呀！在动物园里，海豚会向小朋友们点头示意，会带水腾空翻转，会在水中倒立、转圈、做体操，还会顶着彩色大皮球"的溜溜"转个不停。他们今天有意要来会一会大自然中的海豚，因为这里是海豚经常出没的场所。可是，今天他们在海滩边看了好大一会，却连一只海豚也没看见。小杰克十分失望，他刚想坐下来休息一会，突然听见"啊！"地一声，顺着声音望去，只见远处沙滩上有一团黑乎乎的东西，一动也不动。小朋友们被这突如其来的一幕吸引住了，每个人的心都紧张得"扑通扑通"直跳，大家一步步悄悄地围了上去，仔细一看！"呀！"地一声惊呆了。原来，是一只海豚直挺挺地躺在沙滩上，显然已经死了。不久，他们在附近海滩的岩石边又发现了几只海豚的尸体。

小朋友们悲痛之余，把他们的发现向环境保护部门进行了汇报，并要求寻找凶手，为可爱的海豚讨回个公道。

经过大量调查研究，专家们认为，德克萨斯州采油和炼油工业造成了墨西哥湾的严重污染，这是海豚突然死亡的主要原因。炼油工业生产中排入大海的化学污水促使海藻迅速生长和蔓延，海豚误食含毒海藻而死。研究人员在解剖分析海豚死亡原因时，发现了这种含毒海藻。

海豚的冤死，责任在人类。人们总以为，浩瀚的大海可以包容一切，是"取之不尽，用之不竭"的，于是不仅有掠夺式的资源开采，

更有肆意的倾废，蔚蓝色的海洋被当成了"万能垃圾桶"。海洋已受到 200 亿吨垃圾，包括化学物、重金属、塑料、瓶罐、放射性废料乃至人类粪便的污染。大海已不堪忍受，发出了痛苦的呼救，同时也向人类发出了警告。人类应当正视来自海洋的警告。

五、海上升起三颗信号弹之后

在英国康沃尔海岸到锡利群岛之间的大海里，暗藏着 7 块大大小小的岩礁，当地人俗称"七块石"。这七块礁石处在航道的要冲，所以人们早在 1841 年就在那里安装了漂浮式灯塔。

1967 年 3 月 18 日上午，灯塔值班员发现有条大船正迅速驶向暗礁，立即放出一颗信号弹报警。10 分钟后，值班员见大船没有回答，便又放出一颗信号弹，还升起信号旗，旗语是："您正处在危险之中！"然而，无动于衷的大船仍然驶向暗礁。值班员急得眼睛都发红了，刚举起信号枪，"呼"地一声枪响，那条大船已迫近岩礁。值班员眼看无法挽救，本能地闭上眼睛，只听到一声巨响，大船触礁了。

那艘大船正是美国 1959 年制造的超级油轮"托雷·坎荣"号。油轮触礁是由于船长的一意孤行造成的。在到达出事地点前 10 分钟，助理领航员曾提醒他，前面就要接近"七块石"了。但是船长认为可以躲过暗礁，没有改变航线，也没有理会灯塔值班员发射的三颗信号弹，结果船撞暗礁而损坏。船上的 8 个油槽，有 6 个破损泄油。当天晚上油液就扩散到 8 海里以外的康沃尔沿岸。由于强风与海浪的不断冲击，又引起船体破裂。到 3 月底，破油轮仍漂浮在海面，挡着船舶的通道。急功近利的决策者一心只想打通航道，便决定用飞机把船炸沉。4 月底，油轮终于沉入海底，它所载的 10 多万吨原油全部溢到海中。流出的原油随风漂流，使英吉利海峡广受污染，数千只海鸟因此致死。更

可悲的是，为了处理沿海漂浮的原油，海军舰队又洒了1万吨含有芳香烃的洗涤剂，于是引起了更多的海岸生物的死亡。生物学家对这次污染影响特别严重的马温特海湾进行了多次考察，看到了一幅幅凄惨的景象：鳌、虾大批死亡，螃蟹的腿脱落了，各种软体动物陈尸海滩，海狗、海豹在海滩上死去，整个海湾弥漫着令人作呕的腐臭。

六、石油滚滚入海流

类似"七块石"的事件在世界各地不断发生着。1978年3月16日，美国油船"阿莫科·卡迪斯"号在法国沿海触礁，船上运往荷兰的 25 万吨石油几乎全部倾入海中，法国出动 5000 名海陆空官兵来清除油污。这次事故使法国 200 千米的海滩被油污覆盖。在出事地点附近的海域里，海水中石油浓度高达 1‰。化学家们发现，在某些小港海底 8～30 厘米深的泥层中，污染物的含量竟高达 1%～2%。仅仅几天，人们就捡到了 4500 多只死海鸟。在沿岸 4 千米的污染水域内，整整 4 个月没有发现活着的浮游生物。海滨的沼泽地里覆盖了一层黑色的石油，螃蟹、多毛虫和身上沾满石油的海鸥在油液中大批大批地死去。

1989 年 3 月，在美国阿拉斯加沿海，一艘名叫"瓦尔德斯"号的油船出事。滚滚入海的原油，使 100 多千米的沿海居民遭殃，当地的捕渔业濒临破产，数以万计的海鸟、海豹、海狮及其他生灵死于非命。

石油对海洋的污染何止油船事故。据估计，全世界通过各种途径

每年流入海洋的石油高达 100 万吨以上，其中战争造成的污染也是极为严重的。在第二次世界大战中，曾有数百艘油轮沉没，估计损失石油 1000 万吨，至今仍有石油从海底沉船的腐烂油箱中渗漏出来。在长达 8 年的两伊战争中几乎天天都有油轮遭到袭击，大量石油污染海湾。1983 年 2 月，伊拉克飞机轰炸了伊朗的诺鲁兹油田，每天溢出石油二三千桶。

声音的奥秘

生活中处处充满声音。人们依靠声音交流思想，传递信息，联络感情，协调工作。在学校里，我们天天由清脆的铃声"指挥"上课、下课和参加活动，尊敬的老师绘声绘色地向我们传授知识，同学之间用亲切的话语互相鼓励。美妙的声音是传递知识和友谊的桥梁。如果我们走出校门，来到山川之间，或进入田园牧场，那么自然之声、万籁之音一定也会给我们以美妙的享受。

人们的学习、工作、生活离不开声音。声音给了人们无穷无尽的好处，但是声音也给人们带来无法形容的烦恼。这个烦恼主要来自于噪声。

一、噪声"酷刑"

第二次世界大战时期，法国的盖世太保和纳粹德国集中营的一些法西斯分子，丧心病狂地对犯人和俘虏进行残酷的迫害。用噪声来折磨受害者便是一种酷刑。他们用 100 分贝以上的噪声轰击被审者。受害者起初感到耳朵胀痛，接着便心情烦躁、思维困难、神情异样。为了进一步迫出口供，法西斯分子进一步加大噪声强度，甚至使噪声强

度超过 130 分贝，使受害者满头是汗，全身抽搐，直至眼结膜出血，耳鼓膜破裂，大声叫喊着昏死过去。灭绝人性的法西斯分子是多么地可恶！

在我国古代，统治阶级也曾用过噪声的酷刑。他们把奴隶或犯人放在巨大的洪钟之下，然后敲响洪钟，对受审人施加酷刑。不少受害者或终身残废，或死于非命。古代统治者的这种酷刑真是令人发指！

二、噪声"杀人"

1961 年 11 月，日本东京某幢 12 层楼顶有个青年纵身跳下，自杀身亡。经调查，他既不是失恋，也无外债，而是因为忍受不了附近工

厂机器的轰鸣和怪叫，以及整日整夜火车的震动和吼叫，终于狂躁发疯，跳楼身亡。同年 10 月，日本的吕川区有母子三人，居住在一家建筑器材厂附近，厂里的机器轰鸣声日夜不停，孩子白天无法读书，夜里无法睡眠。在无可奈何的情况下，母子三人欲一同自杀，幸亏被人发现及时抢救才免于一死。

噪声"杀人"的现象不仅仅发生在日本，世界各国关于噪声"杀人"的报道也屡见不鲜。用环境保护法来保护受害者，以及受害者用环境保护法来保护自己就显得十分重要了。

三、噪声污染的危害

环境噪声污染是指发声源发出的噪声超过国家规定的环境噪声标准，妨碍人们工作、学习、生活和其他正常活动的现象。

城市环境噪声主要来自交通噪声、工业噪声、社会噪声等方面。噪声危害表现在许多方面。噪声对人体健康最显著的影响和危害是使人听力减退和发生噪声性耳聋。美国前总统里根，年轻时是电影演员。有一次道具手枪在他耳边打响，造成一耳失聪。噪声会使人体紧张，引起心律不齐，血压升高，诱发心脏病。噪声还影响神经系统和消化系统，引发疾病。在噪声的刺激下，人们的注意力不易集中，反应迟钝，容易疲乏。在1982年的第9届世界女子排球锦标赛上，实力雄厚的美国队和东道主秘鲁队相遇。啦啦队的喊叫声不绝于耳，最终美国队出人意料地输给了秘鲁队。赛后美国队教练员什林格懊悔不已，认为要不是啦啦队帮倒忙，不会出现这样的结局。

噪声不仅对人体有害，还会危及建筑物。1962年，美国三架军用飞机超音速低空飞行绕过日本藤泽市，强烈的噪声使该市许多建筑物玻璃震碎、瓦震落、墙震裂、烟囱倒塌、日光灯落地，连商店货架上的商品也震落满地，造成了很大的损失。

四、无声的凶手——次声波

人们讨厌噪声，痛恨噪声，然而人们常常忽视"次声"。

科学家们说，声音是有波纹的，叫声波。人的耳朵能接收20赫兹到2万赫兹之间的声波。频率超过2万赫兹的声音称之为"超声波"，低于 20 赫兹的称之为"次声波"。这两种声，人的耳朵都听不见。

次声波的发生源很多，分为自然和人为两类。次声波的自然发生源包括狂风暴雨、电闪雷鸣、地震海啸、火山爆发、陨石落地、极光放电、太阳磁爆等。次声波的人为发生源包括飞机飞行、车辆高速行驶、机器的快速运转、火箭发射、核爆炸等。

次声波具有特别强的穿透力，通常的隔声吸声设备对它的作用极小。它可以穿透坚实的建筑物，就是宇航员的特别头盔也无法将次声波完全隔掉。次声波对人体健康危害极大，一旦高强度次声波作用于人体，就会使人产生头晕、耳鸣、恶心、失眠、神经错乱、四肢麻木、失去知觉等症状，特别强的次声波还可以致人于死地。

1948 年 2 月，荷兰的一艘货船正在太平洋上向西航行，船员们个个心情愉快，因为他们这次远洋十分顺利，生意也很成功，想到不久就可见到阔别已久的亲人，真是太令人高兴了！

这时，船长通知大家，前面就要进入印度洋了，但必须穿过马六甲海峡，请所有船员作好准备。船员一听，立刻紧张起来，欢声笑语也停止了。水手们都知道，马六甲海峡经常有风暴出现。

不幸的是，他们果然遇上了风暴。大船被狂风吹得没有了方向，不停地急剧摇晃。船员耳边是海风和海浪的阵阵长啸。所有人都感到头痛、耳鸣、恶心、心脏狂跳，接着四肢麻木，大脑失去知觉。

数天以后，一架军用飞机掠过马六甲海峡，发现了这艘已经残破不堪的商船。当救援的人们来到船上时，看到满船横陈的尸体，其状惨不忍睹。

科学家对这场灾难的考察研究证实，是海风、海浪引起的次声波在短时间内"杀"死了全体船员。

次声波"杀"人的现象还发生在法国。1986 年 4 月 16 日，法国一家次声波研究所因值班人员玩忽职守，使部分次声波"逃"了出去，导致远在十几千米以外的马赛市郊 30 多人被"杀"身亡。

次声波的危害，不得不引起人们的高度警觉。

五、噪声变乐曲

人们对于声音的败类——噪声，进行了长期的攻坚战。目前，对防治噪声污染已有了不少行之有效的好办法。

日本横滨车站后门有一座桥，行人如流，脚步声、说话声、振动声嘈杂。有关部门便在桥的栏杆上安装了一种传感器，可使这些嘈杂声变得清脆悦耳，仿佛细雨飘落，"沙沙"作响，行人听后感到心旷神怡。由于这种装置深受人们欢迎，在日本的一些大中城市很快推广了。

汽车喇叭噪声一直是令人头痛的问题，有科学家为此设计出了各种各样的新潮汽车喇叭。有的可奏一段名曲，有的可仿歌星演唱，有的可模拟钢琴、提琴……这样，使原先汽车喇叭单调、刺耳的噪声消除了，城市变成了一个偌大的音乐厅。

为了消除噪声污染，人们正在高新科技领域进行着不断的探索。以声消声，是科学家正在研究的新技术。您不妨做个小小的实验：拿一个音叉，把它敲响后，在耳边慢慢转动，您会感到，音叉发出的声音时强时弱。这是因为音叉的两个叉股就是两个声源，它们发出了疏密相间的声波。其原理是，甲声源传来的疏波和乙声源传来的密波恰好同时到达某点，那么在这一点的空气就会安静无波，也就没有声音了。

英国近年来一直在研究一种有声源的控制法。这种方法是利用麦克风探测到噪声源后，马上发出与之对应的反相波，用以消除噪声波。90年代初，科学家已研制出能正确探测噪声源的电子控制器，有多家公司推出了所谓的"有源耳机"，供街头闹市的商业人员和军用飞机驾驶员用，它可以大大减少背景噪声。

  阻止噪声源传动也是降低噪声的好方法。科学家试图减少喷气式飞机的噪声，这种噪声主要是机身外部与空气摩擦引起的。他们利用传感器测出振动部位，并将测量结果传到机翼的陶瓷致动器中，产生反振波，以消除噪声。

  路面交通噪声主要是由高速行驶车辆的轮胎与路面相互作用、摩擦所致。为此，科学家设计出一种多孔轮胎，它可以吸收其与路面接触时产生的空气振动，以减少噪声。

  近年来，科学家还研制出了"无声合金"。用铁锤敲打"无声合金"的薄板，竟然像敲击橡胶一般安静。"无声合金"既有金属的特性，又有橡胶的防震能力，它能把一部分振动的能量转变成热能，所以在敲打或撞击时，就发不出大的声音了。用"无声合金"制造的圆盘锯，能把噪声降低 10 分贝。"无声合金"在机电、建筑、交通、制造等行业中将大有发展前途。

　　科学技术的迅速发展，为改善声环境创造了条件。为了让人间充满乐曲，我们还要作不懈的努力。

大自然为什么不平安？

地球上生态环境中有生物和非生物（如水、阳光、土地、空气等），各种生物之间，生物与非生物之间，是在不断地、相对稳定地保持动态平衡。如果其中一个环节受到天然的或人为的破坏，就会影响到整个生态系统的平衡，给生态系统带来灾难。

地球上最大的生态系统是生物圈，包括人、动物、植物、微生物等等，保持了平衡，大自然就平安无事。一切生物为了生存，要从外界摄取能量和营养，比如鹿吃草，狼吃鹿，成了生物之间的链索即食物链，如果破坏了食物链，生态就会失衡，造成灾难。

你听听下面几个故事，就会明白，保持生态平衡多么重要。

总统干的蠢事

20 世纪初，美国有个凯巴伯森林，松树杉树郁郁葱葱，树林里野兽、小鸟热热闹闹，那里有几千头鹿在树林里东奔西跑。当地人以猎鹿为生，但是鹿群常常受到贪婪的狼的袭击。当时的总统为了保护鹿群，宣布凯巴伯森林为全国狩猎保护区。他还派猎人专门去消灭狼群，枪声阵阵，狼声哀哀，好多好多狼被枪杀，20 多年来大约有6000只狼

被杀。

　　鹿在凯巴伯森林受到特别保护，它们自由自在地生活。一群群小鹿长成了大鹿，它们啃食树叶、野草，快快活活地生长着，鹿群日长夜长，从 4000 只发展到 1 万只。后来总数竟超过了 10 万只。

　　想想看，10 万只鹿在森林里东奔西逛，每天要吃多少东西？开始鹿群吃灌木丛，后来啃吃小树。灌木丛和小树给鹿吃光了。鹿实在太多了，小草小树来不及长呀。鹿群吃什么，它们啃树皮咬树叶，见到绿的就啃。凯巴伯森林被鹿群糟踏得一塌糊涂，地上的绿色越来越少，有的地方露出一片片枯黄，长不出绿草了。

　　鹿群东窜西撞，寻不到可吃的东西，就挨饿，就生病。可怜呀，无数只鹿饿死了，无数只鹿病死了。鹿越来越少，2 年后，从 10 万只减到了 4 万只，后来只有 8000 只了，而且都是些病病歪歪的病鹿。

　　这是怎么回事？科学家告诉总统，因为森林里没有了狼，森林被

破坏了。这时总统想：难道狼吃鹿，也是保护森林？

科学家明白地告诉他，地球上不同生物之间是互相制约、相互联系的。森林里有狼有鹿，狼吃掉一些鹿，鹿就不会泛滥，会控制在一个合理的范围，鹿就不会危害森林。而且，狼吃掉的鹿大多是逃不快的鹿，有病的鹿，这样病鹿被吃掉了，疾病也不会威胁鹿群。

狼被打跑了，被打杀了，鹿群无限止地疯长，森林承受不了，这时候的鹿，不再美丽，不再可爱，却成了毁灭森林的罪魁祸首。

总统明白了，他说："我赶走狼原是为了保护鹿，没想到却害了鹿群，还毁了森林。快，把狼请回森林。"

这条命令下达以后，狼回来了，但是很多年后，森林才慢慢恢复起来。

为大灰狼撑起"保护伞"

你一定奇怪为什么浙江省林业厅要把大灰狼列为重点保护动物名单。有位记者问林业厅长:"是真的吗?"厅长回答:"当然是真的,列入保护动物名单的野生动物都将受到法律法规的保护,谁猎杀它们,谁就违法。"

浙江一位专家告诉记者:"大自然中每一种动物都不是多余的,把大灰狼列入保护动物是有道理的。"他还从一句俗语讲了一个科学道理。那句俗语是"山中无老虎,猴子称大王"。说明了什么?说明了自然界的动物、植物、微生物是有序地组成生态系统的,一种动物消失了,必须有另一种动物来替代,从而使食物链延续,否则就会造成生态系统不平衡。

专家说:"浙江省在中国东南沿海,过去,浙江山林里,老虎曾称了王,控制了小动物过度繁衍。从20世纪70年代以后,就再也见不到老虎的踪迹。老虎消失了,浙江省野生动物中惟一凶猛的动物就是大灰狼了,所以只能由它来充当大王,来起控制小动物过度繁衍的作用。如果不保护狼,狼也消失了,那么其他小动物就要成灾了。"

你一定明白给大灰狼撑"保护伞"的原因了吧!

吐绶鸡救了大颅榄树

爸爸从非洲的岛国毛里求斯回来,带回两张照片。一张是一棵漂亮的大树,挺拔的树干,秀美的树冠,像美女的帽子;一张是大鸟的照片,这鸟的身体很大,样子却有点丑陋。

爸爸告诉佳佳说："这树叫大颅榄树，是一种珍贵树木，是毛里求斯的特产。它的木质又坚又硬，木纹非常细。这鸟叫渡渡鸟，也是毛里求斯的特产，可惜已经灭绝了。"

佳佳睁大眼睛问："怎么会灭绝的呢？"

爸爸说："这是人类的罪过呀。300多年前，欧洲人带着来福枪和猎犬到这儿来，他们打鸟玩。可怜的渡渡鸟最倒霉了，因为它身体大，跑不快，又不会飞，常常被枪击中，受了伤也逃不掉，被猎狗咬着拖走。这些欧洲人还一窝窝地端走渡渡鸟生下的蛋，煮了吃。

没有多少年，毛里求斯的渡渡鸟越来越少，到1681年，世界上最后一只渡渡鸟被人类杀死了。从此再也见不到渡渡鸟了。这张照片，是我与博物馆馆长再三商量，才允许从标本室拍下来的。"

佳佳听爸爸说完，捧着渡渡鸟的照片，一声不响，眼里闪着泪花。

爸爸轻轻地说："很难过吧，你不是想当环保专家吗？如果当时人们知道环保的意义，就会像我们保护大熊猫一样保护渡渡鸟了。"

佳佳抬起头问："爸爸，大颅榄树也没有了吗？"

爸爸说："你知道我为什么带这两张照片吗？因为它们是一对朋友。你听听渡渡鸟灭绝以后的故事。当时人们并不知道大颅榄树与渡渡鸟的关系，只知道渡渡鸟很喜欢大颅榄树，常常吃它的果子。"

佳佳插嘴说："哇，渡渡鸟偷大颅榄树的果子吃，大颅榄树还和它交朋友呀！"

爸爸说："你别插嘴。渡渡鸟灭绝以后，大颅榄树也越来越少，再也不长树苗了。到20世纪80年代，毛里求斯只剩下13棵大颅榄树了。"

佳佳急得跳脚："哎呀，大颅榄树也要灭绝了。"

爸爸叹口气说："我是生态学家，深深知道大自然创造 一个物种要成千上万年，无论人类多么心灵手巧，现在也难以创造出大颅榄树来。"爸爸又告诉佳佳，后来科学家们提出：抢救大颅榄树。开始他们

怀疑是毛里求斯的土壤结构发生了变化，引起大颅榄树没法生长。可是找来找去，几年过去了，从土质结构找不出原因。

1981年，美国一位生态学家叫坦普尔的，到毛里求斯研究大颅榄树。这一年正好是渡渡鸟灭绝300周年。坦普尔细心地测定了大颅榄树的年轮，发现它的树龄正好是300年，就是说，渡渡鸟灭绝后，大颅榄树再也不长小树了。这是巧合，还是有什么秘密？这件事引起了坦普尔的兴趣，他到处找渡渡鸟的遗骸。

一天，他终于找到了一只，发现在渡渡鸟遗骸中夹有几颗大颅榄树的果子，这说明渡渡鸟喜欢吃大颅榄树的果子。他灵机一动，会不会渡渡鸟与大颅榄树的种子发芽有关呢？

可是，坦普尔没法找到活的渡渡鸟，不能做试验。他想来想去，想出了一个主意，找个像渡渡鸟一样的大鸟来试试。于是他找到了吐绶鸡。

佳佳说："吐绶鸡我知道，雄鸡全身火红色，也叫火鸡。头颈里有皮瘤，不好看，但羽毛很美，尾部羽毛会竖起来展开成扇子形状，像孔雀一样。"

爸爸笑起来："你背得挺熟，再听我说下去。"

爸爸又接着讲了下去，那位坦普尔用大颅榄树的果子喂吐绶鸡。吐绶鸡吃下果子，几天以后，果肉被消化了，种子被排出来了，种子外面的硬壳也消化了一层。

坦普尔就把这些种子栽进地里，没有多久，种子长出嫩芽来了，绿油油一片，宝贵的树木终于绝处逢生了。

佳佳说："爸爸，你要早点去毛里求斯，也会发现这个秘密的。"

爸爸哈哈大笑说："不一定。"

佳佳说："我明白了，渡渡鸟和大颅榄树是好朋友，大颅榄树给渡渡鸟吃果子，渡渡鸟帮大颅榄树传播种子，它们相依为命，杀灭了渡渡鸟，等于也杀了大颅榄树。"

爸爸沉重地说："对，大自然是个严密的链索，一个环节缺损，将影响许多环节。今天，人类还在毁灭着一些物种，说不定也在制造渡渡鸟和大颅榄树的悲剧呢。"

兔子闯祸

南太平洋上经过千百年的自然演变，出现了一个环状的珊瑚岛。人们把它看作荒岛，所以也没人去过，不知什么时候才有了个名字叫莱生岛。慢慢地莱生岛上有植物生长了，有 10 多种植物，小树也长起来了，鸟也越来越多，爬行类动物蛇、蜥蜴等等也都出现了，海龟也爬上岸来晒太阳。莱生岛成了鸟类和爬行类动物的"世外桃园"。

谁知好景不长，有人对这个岛有了兴趣，他们看到这个岛上植物很丰富，夸它是"绿色的明珠"。

有人说："在这儿开个肉类罐头厂吧！"又有人说："这主意好，这儿没有狼也没有鹰，养兔子最好。"

1903年，第一批兔子被引进莱生岛，兔子在岛上大量繁殖起来。这儿，没有狼和鹰吃它们，也没有疾病，很快小岛成了兔子的世界，小岛上到处是大大小小的兔子洞穴。兔子们成群结队啃吃植物，把植物吃得七零八落。

准备造工厂的人忙着造屋建厂，一心一意要办肉食罐头厂赚大钱，没有注意岛上的变化。

罐头厂办了没几年，岛上25种植物，竟被兔子吃绝了21种，只剩下4种了。一颗明珠被弄成个胡蜂窝，岛上的绿色越来越少，珍贵的土壤被冲刷得光秃秃的像沙漠了。人们吓得目瞪口呆。

当人们从惊呆中醒来，他们说，不能为了一个工厂，毁掉一颗"绿色明珠"。于是他们不再办工厂，下决心挽救莱生岛。

他们带上枪打兔子，经过了一年的时间，总算把兔子打光了。

岛上的植物又慢慢长出来了，但是植物长起来可没有兔子吃得那

么快呀，到 1930 年岛上的植物才增加到 9 种。直到 1961 年，莱生岛上也只有 16 种植物。要恢复到 25 种，还要好多年呢。

你看，兔子闯的祸有多大？

可是，佳佳说，这不是兔子闯的祸，是人闯的祸。你说呢？

化学毒害

目前市场上约有67万种化学品，其中对人体健康和生态环境有危害的有3.5万种以上，随着工农业的发展，每年又有1000～2000种新的化学品投进市场。在工业生产的过程中会有许多化学毒品污染环境。过度使用农药及化肥，也会使许多化学品进入环境，尤其在农药里，有许多具有极毒性和致癌性。更可怕的是在战争中使用的化学武器，能产生大量杀伤人畜和植物的化学毒品。当今世界上，战争中时而发生的化学战，给有关国家的人们投下了一层浓浓的阴影。在人们的日常生活中，由于缺乏化学知识或对化学物品使用不当，也会受到化学物质的毒害。

一、一起罕见的投毒案

有一条流经上海市嘉定县西郊以及方泰、外冈和太仓县南郊的河流名叫盐铁河，她是哺育两岸10多万人民的一条母亲河。但是，1991年8月间，太仓县南郊乡的渔民在盐铁河上意外地打捞到一只装着化学物质的塑料编织袋。联想到近来河里不时泛起大片死鱼，渔民们怀疑这编织袋里的是毒品，立即报告县委、县政府。县有关部门迅速派员到现场对河水进行检测。水中氰化物含量竟为国家二级地面水标准的 18 倍！情况十分严重！

沿河水厂立即停止供水，居民改饮井水。公安部门抽调刑侦、预审、水上干警，会同环保部门等进行了严密侦查，查出一起罕见的投毒案。

原来，1989 年初，地处江苏省张家港市港口乡的一家向阳化工厂濒临破产。有一天，这家工厂的厂长曹保章得知上海钢锯厂有一批剧毒废渣要处理，从中可以得到"处理费"。于是他赶到上海钢锯厂，自称有能力处理氰化物废渣。当即签下协议：每月由向阳化工厂负责处理 10 吨含氰废渣，处理费每吨 250 元。

签约后回到厂里的第二天，曹保章叫本厂两名职工雇了"港口挂38 号" 10 吨货船，去上海钢锯厂运废渣。临行前，曹保章对两人诡秘地讲："废渣里有毒，不要带回来，可扔在沿途的河中，但千万不能让人看见……"那两人心领神会，在回厂途中将 10 吨含氰化物的废渣扔

进嘉定县娄塘地区的娄塘河、横沥河，以及上海、江苏交界的新浏河里。嘉定县的水面上，第一次出现了氰化物污染水域的事故，死鱼大片大片出现在水面。以后，曹保章又一次次指使他人向盐铁河等河塘投含氰废渣。从 1989 年开始，在两年多时间里，共抛投含氰废渣 320 多吨。其中，仅 1991 年 8 月 20 日那天的严重污染事故，就使嘉定县内的 70 多条河道受污染，受害水面 170 多公顷，捕捞死鱼 8.9 万千克，渔业直接受损 40 万元，累计各方面的直接损失达 220 多万元。

在长达两年多的时间里，被氰化物污染的河水对人们健康所造成的损害简直无法估量！

这起建国以来罕见的造成水域大面积污染的投毒案造成了极其严重的恶果。曹保章丧尽天良，罪大恶极。1992 年 8 月 17 日，曹保章被判处死刑，缓期 2 年执行，其他几名罪犯也得到了应有的惩处。

二、诺贝尔科学奖的一大悲哀

1938 年，瑞士化学家米勒试制成功一种白色晶体化合物，取名 DDT（滴滴涕）。苍蝇、蚊子一碰到 DDT 就死亡。经过反复试验，米勒认定 DDT 是很有效的杀虫剂。1942 年，米勒所在的那家瑞士化学公司开始大量生产，并让它进入市场。农民用它杀害虫，居民用它杀苍蝇、臭虫……DDT 确实发挥过神奇的作用。1948 年诺贝尔生理学和医学奖给了米勒。但谁知这却是一个典型的错误，它在一定程度上恶化了环境。

DDT 是一种人工合成的有机物，在自然界中它很难分解。长期地、大量地、不合理地使用农药，会造成环境污染。DDT 问世后，经过相当长一段时间的使用，不少地区的环境受到污染。这些地区的粮食、蔬菜、水果、鱼、虾、肉、蛋、奶之中，都有了 DDT，人吃了这

些食物，体内也就有了 DDT。医学家发现，现代人的血液、大脑、肝和脂肪里都有 DDT 的残留物。不少人因 DDT 而慢性中毒。

野生动物受 DDT 的危害例子很多。1976 年，美国洛杉矶动物园的小河马突然全部死亡，就是饮用了附近农药厂排放出的 DDT 废液所致。1988 年，美国佛罗里达州的阿波普卡湖区的鸟类，因 DDT 的残留物影响，使蛋的孵化率从通常的 70％下降到 20％。

虽然许多国家已在20世纪70年代停止使用DDT，我国也在1983年停止使用DDT，但DDT的影响远未终结。前几年，美国一些医学家测试到，美国一些母亲的乳汁中含有较高的 DDT 毒物。美国医生在死婴儿的脑部也发现了 DDT，这些可都是透过胎盘从母亲那里接受的。

DDT 的化学性质很稳定，喷洒之后会长期滞留在环境中，并且不断地在环境中循环，甚至连南极的企鹅体内也发现了 DDT。

当初，把诺贝尔奖给了米勒，是因为 DDT 在杀虫方面确有奇效，使农业可以得到丰收，使不少传染病得到控制。但谁也没想到，DDT 进入自然环境后，会给动植物和人类带来如此多的麻烦，这不能不说是诺贝尔奖的一大悲哀。

三、"潘多拉盒子"——化学武器

化学战是最残酷的战争之一，化学武器不仅造成大量人员的惨死，而且严重破坏生态环境和人们的生活环境。

化学武器的种类很多。有些化学武器有窒息性毒剂，如光气、双光气等，它们能损伤人的上呼吸道和肺部组织，导致肺水肿，严重的就死亡；有的化学武器有糜烂性毒剂，如芥子气、氮芥气、路易氏剂等，它们能使人的机体组织坏死和血液中毒；有的化学武器有神经麻痹性毒剂，如塔崩、索曼、沙林等，它们进入人体能阻止氧化作用，造成人发抖不止，大量分泌唾液，最后停止呼吸。

军用毒剂的杀伤力远远超过常规武器。一般来讲，化学弹与同口径的杀伤弹比较，其杀伤范围要大几倍至十几倍。化学毒剂能严重污染空气、地面、水体、食物等。人只要呼吸了染毒空气，误食了染毒的食物及水，甚至只要接触了毒剂液滴，就会引起中毒。化学武器不仅杀伤范围大，而且杀伤作用时间长。如沙林毒剂弹爆炸后，染毒空气的杀伤作用时间可持续几分钟到几小时；维埃克斯扩散使地面物体染毒后，杀伤作用可持续几天到几周。有的神经毒气，不仅杀伤范围大，而且其毒性能延续数月。

据有关人士介绍，日军在侵华战争中，对我国 13 个省的 81 个县、镇和地区滥用毒剂，用毒次数共达 1600 多次，用毒种类有催泪性、喷嚏性、窒息性、糜烂性和血液中毒性等等，用毒规模有大、中、小型和零星之分。如 1938 年 7 月 6 日，日军在对我山西省曲沃县的扫荡中，就准备了 18000 个中型红筒（窒息性毒剂）。1939 年 2 月，在江西省德安县的作战中，日军使用红筒 15000 个，并发射 3000 发毒剂炮

弹，染毒面积近 30 万平方米，使我抗日军民受到很大伤害。日本军国主义分子的滔天罪行引起了我国人民和全世界爱好和平的人民的公愤。

日本试制和生产化学武器也给本国人民带来了严重的灾难。如日本广岛县竹原市忠海港的濑户内海的海面上，有一座风景秀丽的大久野岛。然而，它在过去的一个时期却曾经是一座恐怖的"毒气岛"。1927 年日军在这里建造了毒气工厂。自 1929 年至 1945 年二次世界大战结束，日本侵略者在这个岛上共生产芥子气、毒瓦斯等 2.3 万吨。在制造化学武器的过程中，岛上植物枯死，动物死亡，人受伤害。当时被征用的儿童、中学生、女青年共达 6000 余人，据广岛大学医学院调查，其中因肺癌和各种癌症以及呼吸道疾病而死亡的有 1300 多人，幸存的 4000 多人，现在还在遭受毒气后遗症的痛苦。

全世界爱好和平的人民对化学武器深恶痛绝，坚决要求全面禁止化学武器，并在为此作不懈的努力。

四、无形杀手——"二噁英"

1976年7月10日，在意大利北部工业城市米兰市郊区发生了一件奇怪而又可怕的事。

那天，学校已经放暑假了，少女诺维拉和她的伙伴们跑到附近一家工厂边绿茵茵的草地上无忧无虑地玩耍游戏。突然，诺维拉惊叫了起来："看，那里有红云升起！"孩子们朝着她手指的方向一看，果然有一团团红云从工厂的棚屋升起。孩子们被这奇异的现象一下子吸引住了，他们都跟着大叫起来。附近居民听到孩子们的喊叫，也纷纷从家里出来看热闹。大家一边看，一边议论，但谁也不知这是什么。"红云"腾飞到空中，随着微风慢慢移向远方，过了好长好长时间，才渐渐地消散。诺维拉和她的众多伙伴当时并没有什么太大的感觉。

几天后，诺维拉和她的伙伴们身上都长出了许许多多的脓疱，而且很难治好。工厂附近的居民也出现了一些不正常的情况，有的头晕眼花，有的恶心、呕吐，有的身上也长出了许多大大小小的脓疱。附近的许多羊、兔子由于吃了这个地区的草，都莫名其妙地死了；周围的花草树木也都相继枯萎凋谢。谁也没想到，那一团团看来很漂亮的"红云"，却把一场灾难降临到无辜的孩子和无辜的居民头上，降临到这片原来充满生机的土地上。

当地镇政府为了弄清"红云"事件的真相，派员进行了调查。他们发现当地那家属于瑞士霍夫曼—拉罗切公司的农药厂，在7月10日发生了一次生产事故——反应罐破裂，罐内贮存的生产除草剂用的原料三氯苯酚发生化学反应，产生了一种叫"二噁英"的化学毒气物质。原来，这团团"红云"就是"二噁英"。

为了预防环境污染可能造成更加严重的后果，当地有关部门采取了两条措施，一条是把居民全部转移到安全地带，又将当地大约 7.7 万头家畜全部宰杀掉；另一条是对受"二噁英"污染的物品进行了严格的检查和清扫。结果，在清扫过程中被分离出来的污染物竟多达 2200 千克，它们被装进 41 只密封的桶内。

意大利当局又决定，由一位国会议员负责监督押运，将这 41 只密封的桶送往欧洲一个专门处理这类废物的地方安全深埋。谁料想，这 41 只密封桶由意大利运往法国境内后就神秘地失踪了。

这桩神秘的失踪事件震动了整个欧洲，引起了各国政府和民众的莫大的惊慌和恐惧。这 41 只桶究竟到哪里去了？桶里的东西会不会泄漏出来呢？会不会再伤害无辜的人们呢？这真是一个可怕的谜！

五、名为"爱渠"，实为"毒渠"

美国纽约州尼加拉市郊，有一条长达 11 千米的运河，两岸是平坦开阔的原野，不少垦荒者在原野上建造起了新的住宅，第九十九走读学校也把平坦开阔的原野当作天然体育场。因而，人们亲昵地称这条运河为"爱渠"。

谁知道，正当住宅在这里不断扩展，学校在这里创建，笑声后面，却是一阵阵母亲们悲痛欲绝的哭泣……胎儿死在母腹里，生下的婴儿肢体残缺不全，结婚多年的妇女不能生育子女，癌症人数与日俱增。恐惧感压得人们气都喘不过来，大家似乎感到有一双无形的魔爪伸进了这个地区。

1980 年 5 月，一家电视台以特快讯报道："爱渠"地区居民普遍出现染色体异常现象，人们担心畸形胎儿以及癌症患者会迅速增多。

1980 年 8 月 15 日，美国《科学》杂志报道："爱渠"地区最近 18 例临床分娩中，正常出生的婴儿只有 2 人，畸形婴儿却有 9 人，还有 7 名婴儿是流产或死产。

这些惊人的报道，震动了美国。当时在任的卡特总统亲自布置，立即采取特别紧急措施，劝告该地区 701 户的 2500 多名居民火速搬迁他乡，所需费用全部由国家负责。

"爱渠"变成了"死亡之渠"，这是谁的罪过呢？原来凶手就是工业垃圾中的化学毒物。

事情还得从 1942 年说起，当时的福克公司为了寻找自己化工厂投弃工业垃圾的场所，把目光盯住了专门为发电而开掘的运河——"爱渠"。于是，福克公司连年不断地向"爱渠"倾废，估计共倾倒工业垃圾 2.1 万吨之多。这些垃圾的主要成分是六六六农药，以及原料氯苯、三氯苯烷等难以分解的剧毒物质，这些正是20世纪70年代以来对环境污染最严重的物质。

到了 1953 年，福克公司以很低的价钱把这块土地卖给了尼加拉市教育协会，条件是：今后工厂抛弃的废物所引起的任何事故，福克公司概不负责。尼加拉市教育协会竟会答应！他们不但修建了学校，而且还把部分土地转卖给了一群垦荒者。廉价的东西却给人们带来了巨大的苦难。当年福克公司抛下的工业垃圾，正是酿成"爱渠"悲剧的元凶。不管肇事者当初有没有预料到如此恶果，但历史已作出宣判：福克公司罪责难逃！

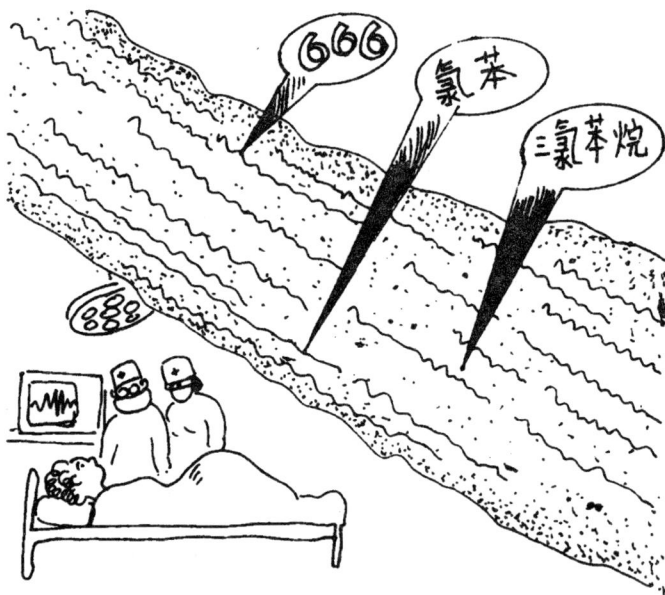

房屋里的秘密

通常一个人生命的三分之一是在室内度过的，室内环境的好坏对人体健康很重要。

新的房屋漂漂亮亮，可是要当心，大理石墙、墙上涂料、地板的油漆、胶水、化纤地毯、新家具等等，都可能释放有害物质，所以要常开窗、通风换气，让污染体排出去，保持室内空气清新。

提醒你的父母和亲戚，居室装潢时，要尽量选择无污染的材料，使用杀蟑螂和蚊蝇的杀虫剂也要特别注意，千万不能使用毒性太大的杀虫剂。

下面给大家讲几个建筑物的故事。

"鬼屋"之谜

金水湾的张旺，这几年搞贩运发了财，原来的木板瓦房太旧了，两口子商量着盖新楼，特地托朋友从外地运来一船红砖，还有人造大理石。

楼房盖得很漂亮，是当地数一数二的，引得大家羡慕不已。

张旺全家住进新楼后，样样都好，就是电视机不理想，彩电屏幕上总有阴影笼罩，换了几台电视机都是这样。过了一段时间，张旺惟一的儿子病了，总是咳嗽，痰中有血，去医院检查后，医生说是肺癌，急得张旺团团转。儿子住院不久，他的妻子也莫明其妙地犯病，病状和儿子一样，经医院检查，又是肺癌。真是晴天霹雳，张旺被震昏了。

村里人传说纷纷，说这是鬼屋，要赶快请和尚念经驱鬼；有人说要请东村的巫婆跳神赶鬼。

张旺六神无主，幸好村长从外地开会回来了，他知道这件事后，连忙劝张旺搬出新楼，住到自己家里。接着他又赶往县城与环境保护部门商量，请来了几位环境专家。

专家们进楼调查研究一番，选了半块大理石和一块红砖，进行化验，终于捕捉到了"鬼"。"鬼"就藏在砖里。原来张旺从外地买来的红砖和人造大理石，是劣质建筑材料，掺入了很多煤渣，煤渣里有很多放射性元素氡，氡会放出射线，人受得多了，会诱发肺癌。张旺用这种砖和大理石砌墙，人住在里面，天天接受放射线，自然要生病了。

人们这才恍然大悟，"原来'鬼'是氡呀！"

没过多久，张旺的妻子和儿子都被夺去了生命，张旺自己虽也病了，但因他体质好，及时治疗，总算活下来了。

无独有偶，东方有"鬼屋"的传说，在西方也有"鬼屋"的说法。英国康瓦尔郡有个风景秀丽的小山村，有一对老夫妻住在一间小屋里，后来老俩口得了同样的病，浑身乏力，关节痛，失眠……医生也查不出是什么病，不久老俩口去世了。当地人说，这是"鬼屋"，谁也不敢再去住了。

几年以后，一次一个放射病学专家经过那个村子，听说有个"鬼屋"，引起好奇，就进去检查了一下，还用随身携带的测定放射性强度的工具，进行测量，这一来，竟揭开了"鬼屋"之谜。原来在老人卧室底下有一大片用沥青铀矿的尾矿铺的地坪，有较强的放射性，这就是老人得病的原因。

人们这才想起，这里附近早年曾开采过沥青铀矿，后来停止开采，但废弃的沥青矿的尾矿大量堆放在矿区附近，有些人造屋时曾拿来铺地，没想到这竟是"杀手"。

恐怖的别墅

美国有个富商叫杰姆，他用高价在泰国买了一幢别墅。别墅在青山绿水之间，环境优美极了。那年他和妻子带了小孙女珍妮去别墅度假，珍妮带了只漂亮的彩虹鹦鹉，妻子带了一只雪白的波斯猫。

每天早晨杰姆出来，鹦鹉就会说："杰姆先生，你早！"看见珍妮又会调皮地说："珍妮你迟到了。"珍妮十分喜欢鹦鹉，常常教它学说话。

谁知几个月后，有一天珍妮去喂鹦鹉，鹦鹉却呆呆地一声不响，

不跟她打招呼，也不吃食。珍妮奇怪地问："喂，今天你怎么了？"鹦鹉呆呆地望着窗外，不理睬她。

这可急坏了珍妮，爷爷急忙去请医生给鹦鹉看病。医生诊断以后说："现在看不出什么毛病，不知是不是吃坏了？先吃点药，观察几天吧！"以后鹦鹉站在横杆上，像睡不醒的样子，再也不会说话了，没几天，竟摔在地上死了。珍妮抱着死鹦鹉，哭得好伤心。

奶奶和她一起埋葬了鹦鹉，回来看见那只波斯猫也病怏怏的无精打采的样子，走起路来摇摇晃晃，喂它饭也不吃。过了几天，这只猫失踪了，到处找也没找到，后来从屋后的花坛下发现了它的尸体。

杰姆觉得很奇怪，难道这座别墅不适合动物？

有天晚上，珍妮又哭又闹，什么好吃好玩的都哄不住，脑袋上还长了一个瘤。医生检查后说不出什么病，只是说："好像是脑瘤。"杰姆吓坏了。这时杰姆太太莫名其妙地咳嗽，痰中带血，杰姆自己也感到四肢无力、恶心、呕吐。他们连忙赶回美国，去医院治疗，没多久，太太和他的病完全好了，珍妮也没有动手术，脑袋上的瘤就自动消失了。

经过这一番折腾，杰姆越想越害怕，不敢去住别墅了，就以非常便宜的价钱把这座别墅卖了。

第二个买别墅的人也是个富商，他正得意用这么便宜的价钱买到这么好的一幢别墅，全家欢天喜地搬进去了。

谁知住进去不到两个月，这房子又作祟了。这家人陆陆续续感到四肢乏力、恶心、呕吐，一个个躺倒了。这家主人被吓得不得了，慌慌张张以最低价把别墅卖了。

第三家人家在搬进别墅前还消了毒。可是他们一家住进去后，也只有2个月，孩子闹病了，后来大人也闹病了，这家人害怕被这别墅里看不见的怪物害死，急急忙忙搬走了。

从此，这座别墅再没人敢买了，就是白白送给人住，也没人敢住了。人们纷纷传说，别墅里有妖怪，有人还说看到别墅里走出来的鬼怪，非常吓人。这可惊动了当地负责安全的保卫工作人员，他们怎么可能让一座别墅里有妖怪存在呢，他们要探个究竟，弄个明白。于是一批专家走进别墅"捉妖怪"了，他们经过仔细检查和化验，发现在这座豪华别墅里，弥漫着浓厚的毒气，环境保护专家还在屋子里的家具上、衣服上发现了奇怪的有毒的粉尘。

人们都奇怪起来，是谁把毒药带进屋子里的呢？

原来杰姆刚进别墅后，发现屋里有白蚁，马上从国外买来专杀白蚁的杀虫剂——氯酮。谁知这种杀虫剂毒性特别大，而且经久不散，还会渗透到物品里，持续扩散。杰姆用的药量很大，屋子里白蚁很快被杀死了，可是毒气却在屋里扩散。人在有毒的环境里，时间长了，当然会中毒生病了。

镜 子 大 厦

　　小光家对面造起了一座 28 层的大厦叫金光大厦，式样新奇美观，特别是墙面闪闪发光，像大镜子一样，小光干脆叫它"镜子大厦"。

　　放学以后，他拉了几位同学去他家看对面的"镜子大厦"。小光指给大家边看边说："看吧，多么别致，多么耀眼。"

　　小丽看着喊起来："哎呀，这'镜子大厦'真耀眼，我的眼睛快睁不开了。"

　　别的同学也都说："这光耀得太厉害，刺眼睛的。"有的同学说："只有戴太阳眼镜才能看。"

　　小光又邀大伙到家里做功课说："上我家做功课吧，爸爸妈妈出差了，奶奶上姑姑家，要晚上才回来。"

　　小丽、华华、文文一起拥进小光房里，小光家住三楼，他的房间窗子正好对着金光大厦的一面玻璃墙，同学们一进去就喊起来："小光，你大白天还开灯呀？"

　　小光一看，灯没有开着，是对面玻璃墙的反光耀得屋里明晃晃的。刚开始，大家坐在靠窗口的地方做功课，个个得意洋洋，还夸说："小光家真亮。"

　　做着做着，小丽第一个站起来说："不行，太亮了，眼睛酸死了，小光拉上窗帘吧！"

　　小光拉上窗帘，大家才松口气说："现在眼睛舒服多了。"

　　小光觉得奇怪说："大概是你们不习惯吧！"

　　第二天，小光中午回家，急着问奶奶："奶奶，金光大厦漂亮吗？"

　　奶奶说："好看是好看，眼睛耀得吃不消。我们楼里都在说，这种镜子墙，中看不中用。"

小光不以为然，上学路上碰到小丽，小丽告诉他，她家买了"镜

子大厦"一套房子，爸爸妈妈要马上搬进去住，爷爷坚决反对。

小光羡慕地说："住'镜子大厦'多好，你爷爷为什么反对?"

小丽说："爷爷只说这种墙是新污染、新公害。"小丽、小光都不懂什么意思，以为爷爷是随便说说的。

后来小丽家搬进金光大厦了，同学们还去玩过呢，奇怪的是小光却没有去。原来小光的舅舅出了交通事故，腿受伤了住在医院里。小光跟妈妈去医院探望他。

妈妈说："你这个汽车司机，技术是一流的，怎么也会出车祸呀?"

舅舅叹口气说："我也不知道，今天开车经过你们那儿，那座金光大厦的玻璃墙反光，使我突然晃眼，就撞上别的车了。医生说我算机灵的，不然腿保不住了。姐，听说那大厦旁常出事故。"

妈妈说："我们楼的居民也不喜欢镜子墙，都觉得头昏脑胀，眼睛

也受不了，小光奶奶还说，大厦的墙害得她常常心悸失眠。最近大伙商量着写了封信给环保局。"

小光说："爸爸不是环保局的吗？"

妈妈说："你爸爸出国考察，不知什么时候回来呢。"

从医院回家，小光就陪妈妈去环保局找李叔叔，把大家的信交上去了。

李叔叔是爸爸的好朋友，忙说："嫂子，还让你跑一趟，打个电话叫一声就行了。"

李叔叔看了信说："这种玻璃幕墙的镜面建筑，是有污染的。这种墙对光的反射系数特别高，一般白色粉刷面也很高，达 69％～80％，玻璃幕墙达 82％～90％，比深色的或毛面砖石的墙面反射系数大 10 倍，大大超过了人体能承受的范围，确实危害人体健康。"李叔叔还告诉他们，人在这种光亮环境下生活时间长了，会伤害眼角膜和虹膜，造成视力下降，严重的使人头昏脑胀、失眠心悸、食欲不振等。临街的玻璃幕墙反光会使过路的汽车司机感到晃眼，容易造成交通事故。所以现在对这种白色光亮称噪光污染，是城市新公害了。

妈妈说："看来我们要搬家了。"

李叔叔说："我们正在建议有关方面解决噪光污染，特别是限制使用反射系数大的建筑材料。这样吧，你们先在房间里安装百叶窗或双层窗帘，调节光线。搬家的事以后再商量。"

小光从环保局出来，碰到小丽和几位同学。小丽忙喊："小光，你怎么不上我家玩呀？你不是很喜欢金光大厦吗？"

小光生气地说："什么金光大厦，是害人的大厦，我们要搬家了。"接着他把环保局李叔叔的话告诉大家。

小丽惊叫起来："哎呀，我爷爷的话是对的呀！我们也要搬家。"

看不见的"杀手"

一、冠军之死

1989 年，苏联国际象棋冠军尼古拉·古特柯夫与一台超级电脑对弈，在连胜三局后，突然被电脑释放的强大电流击毙。多吓人的消息！这是怎么回事呢？后来调查知道，这既不是电脑的"硬件"出现故障以致发生漏电，也不是电脑程序编排人员故意在"软件"中设计了放电杀人的程序，杀人的罪魁祸首是外来的电磁波——它干扰了电脑已编好的程序，以致电脑运作失常，而释放出强大电流，从而酿成震惊世界棋坛的电脑杀人事件。

二、危险的高压线

在欧洲某地一条宽阔的公路上，经常莫名其妙地发生车祸。人们迷惑不解的是，这条公路笔直，视线很好，为什么经常会发生事故呢？原来这和公路上空一条高压输电线有关。研究人员发现，高压线下面

　　及附近的植物叶子枯萎，生长不良。将动物置于高压线下进一步实验，发现猴子行为反常，对时间感觉发生错乱；鸡、鸭失去平衡感觉，狗的血压升高。进一步分析认为，当司机驾车行驶此路段时，高压线发出的电磁波，干扰了司机的中枢神经系统，从而产生了一系列反常行为，结果发生了车祸。

　　在我国，也曾出现过类似的情况。

　　有一年，某乡村小学的师生突然出现了一种奇怪的病：头脑昏沉、四肢无力、夜梦出汗。由于发病人多，病情相似，专家们考虑到可能是共同的环境因素所致。经调查研究，原来是学校附近新建了高压线架，从高压线架发射下来的强大电磁波危害了人体的健康。

三、可怜的雷达修理工

　　1957 年，国外有座雷达站的设备出现故障，一位修理工在雷达发射的无线电波束照射下认真地工作着。工作了一段时间后，这位工人感到腹部发热，头上出汗；又过了一会感到腹部难受，于是离开雷达照射区，可是仅仅过了半小时，就发生剧烈腹痛和呕吐，1 小时后心跳加剧，紧接着出现轻度休克。当时以为他得了急性腹膜炎，急忙把他送进外科手术室，切除了阑尾。但过了几天，这位修理工再次出现严重腹痛和呕吐，再次手术时发现他的肠子有好多处已穿孔。这位身强力壮、年仅 42 岁的修理工不久便离开人间。

　　后来经专家仔细分析研究，发现"凶手"就是电磁波，这位可怜的修理工因受到高强度电磁波辐射而遭受厄运。

四、居民家里的奇怪现象

有一天，某城市的环境保护局所属的辐射环境监理所接到几个居民的反映，说是他们家里的电视机经常图像不清楚，有时会无缘无故地自动停掉，可是拿到维修部去，修理人员却说电视机没毛病。此外，他们家里的电钟、电脑等家电也常常会无缘无故地出毛病。更令人奇怪的是，他们家的自来水笼头和不锈钢毛巾架经常会"带电"，手一摸上去，会"触电"似地被刺一下子。

环保工作者听了居民的反映，到实地进行了监测了解，原来是在这个居民住宅点附近新建了一座大的电讯发射塔，那里发生的强大电磁波干扰了居民的正常生活。

五、一次震惊世界的空难

1996 年 10 月 31 日 8 时 28 分，巴西 TAM 航空公司的一架"霍克—100"型飞机从圣保罗飞往里约热内卢的 402 航班，在起飞后仅 1 分多钟，突然失控坠落，右翼撞到一幢楼房的顶部，接着滑行了数十米，发生爆炸。这次空难不仅使机上全部人员和数名地面上的市民共 102 人身亡，而且撞倒了 10 幢民房，焚毁了十多辆地面汽车。

事后，经专家调查确认，这次空难并非有人故意破坏，也不是飞机设备出毛病，而是机上乘客使用手机。手机发出的电磁波起动了飞机右翼涡轮发动机的回动装置，使飞机失去了平衡而坠落。

现在，民航机的工作人员在飞机起飞时，总要提醒乘客，在机上禁用电讯器材，特别是手机。

六、看不见的污染—— 电磁波

电磁波不同于废水、废气、废渣，也不同于噪声。它看不见摸不着听不到，因此一开始科学家们并没有发现它的坏处。随着电磁波的广泛应用实践，人们才慢慢认识到它的副作用。

实际上，人类和地球上的生物都处在电磁波的包围之中，因为电磁波无处不在，它穿透到每一个角落。

天然的电磁场很久很久以前就产生了，如太阳的电磁辐射、各种宇宙线、雷电、地磁场等。人为的电磁波污染几乎是一切带电物体产生的。随着科学技术的发展，各种家用电器和电子设备日益增多，电炉、电话、复印机、空调设备、电视及发射台、无线电发射台、各种雷达、卫星通讯装置、各种输电线路、理疗机等伴随在人们的周围。

电磁辐射真可说是无形的天罗地网，随时随地都悄悄地对人进行着袭击。

电磁波污染不仅会对精密仪器设备造成干扰，使自动控制失灵，信息失误，飞机失事，导弹发射异位，从而造成重大事故发生，而且会对人体健康造成危害。一般来说，电磁辐射功率愈高，对人体危害愈大。

那么，大家一定很关心，我们家中一般都有一些家用电器，如电视机、收录机、电冰箱、空调、洗衣机、电脑等，会不会造成电磁波辐射污染呢？

科学家们研究证实，我们日常生活中所受到的这些电磁波辐射，一般不会达到使身体组织温度升高的强度。但是，低电磁波也会引起种种生物效应，这种变化不能单纯用热效应来解释，因此另被称为"非热效应"。

电磁波污染对人体的危害是相当严重的。长期生活在受电磁波污染的环境中，人就会发生头晕、头痛、记忆力减退、嗜睡、无力等。

近年来，科学家又进一步发现，电磁波对人的心血管系统功能也会产生危害，如引起冠状动脉供血不足等。此外，电磁波污染对血液系统、神经系统、内分泌系统、消化系统、免疫系统等也有一定的效应。因此，对电磁波的防治是十分重要的。

为了防止电磁波的泄漏，通常对电子电器设备采用电磁屏蔽的方法，以防止电磁场向外辐射。使用家用电器要谨慎。在购买微波炉时一定要选用安全可靠的产品，使用微波炉时一定要将门关紧。家里的电视机和电冰箱等最好不要放在卧室里。另外，看电视、听音乐、用电脑一次时间不要太久；对于电子游戏机，更不能着迷。

那些音乐发烧友和电子游戏机迷，还有电脑"网虫"，过分的痴迷确实令人为他们的健康感到担心。

七、合理利用电磁波

随着科学技术的发展，电磁波被广泛应用于广播、通讯、医学、国防、工业以及家用电子电器等各个方面，为物质文明的发展和社会进步作出了巨大的贡献，也为我们的生活带来了很大的方便和无穷的乐趣。

合理利用电磁波，使电磁波对人的影响恰到好处，就会对人的身体健康产生良好的作用。

许多医院都有"理疗室"，这就是专门运用电磁波来为人治病的。不少家庭也拥有一些"理疗器材"来治病或保健，这也是运用电磁波来增强人体健康的。电磁波对人体进行辐射，影响人体自身的电磁场，就可以使人体机体组织的温度升高。如果外加电磁波太强大，就会使人体调节系统承受不了，导致体温失控，从而产生不良的高温度生理效应。而医院理疗室的医生们知道如何控制电磁场强度，利用电磁辐射对机体产生良好的刺激作用，使血液循环加快，使新陈代谢加强，使局部营养得到改善，从而促进机体组织的恢复和再生，让人的身体恢复健康。

当心，动物报复

人类与千万个其他物种一起，共同生活在地球上。这些物种之间以及它们与人类之间，有着错综复杂的相互关系，组成了一个奇妙的生态系统。目前科学家已经发现并定名的动物物种有 120 多万种，但尚未发现和研究的动物有1000万种以上，可见动物世界是多么丰富多彩。

可是人们在改造自然界中，却使动植物在这个地球上逐渐消亡，物种将以每天 24 种的速度灭绝。想想看，如果地球上只有人类，没有别的生物，会是个什么样子呢？

神秘披肩

印度人和巴基斯坦人最好的嫁妆是一条"沙图什"披肩，这种披肩是上等的装饰品，还是珍贵的收藏品呢。

现在这种披肩在欧美市场上成了时髦的高档品，一条价值六七千美元，因此富豪们常常披上这种披肩来显示他们的财富和作为身份的象征。还有个有趣的传说，有人曾用这种披肩把鸽子蛋包在里面，不久，居然孵出了小鸽子。于是人们对这种又柔软又暖和的披肩十分好奇，向商人打听，这是什么原料织成的。商人的回答总是说，这是喜马拉雅山的野山羊，还有的说是一种西伯利亚鹅。谁也弄不明白这种神秘的披肩是用什么编织的。

美国有位动物学家夏勒博士，他每年都要到青藏高原住一段时间，研究藏羚羊。有一次他来到一个小镇，无意间看见一个农妇正在从藏羚羊皮里摘取羊绒，他问："这羊绒做衣服穿吗？"她回答："有人来收购，可以卖好价钱。"当博士问她做什么用时，她却摇摇头说："不知道！"

以后，博士留意了，1991年，他走进一个猎人的帐篷，一眼看到20多张藏羚羊皮，他惊讶不已。猎户神秘地告诉他，藏羚羊皮里面的羊绒特别柔软暖和，特别值钱。他无意中说出了这些羊绒是用来织围巾、披肩的。

夏勒博士心里一亮，他千方百计凑钱买了一条"沙图什"披肩，仔细研究以后，果然，沙图什是用藏羚羊的羊绒编织成的。而采集藏羚羊羊绒不能像绵羊那样剪毛，惟一的办法是把藏羚羊杀死。1992年夏勒博士终于揭开了"沙图什"披肩之谜。

想想看，一条女式披肩要用300～600克羊绒，相当于3只藏羚羊，一条男式披肩需要5只藏羚羊。那些偷猎者为了钱，有时一次杀死几百只藏羚羊。有的干脆把几米长的木头绑在卡车两侧，冲进藏羚羊群，将藏羚羊打倒一大排，多残忍凶狠呀！

"沙图什"披肩大多数中国人没有见过，但是藏羚羊是中国的特产，是和大熊猫一样珍贵的珍稀动物，是一级保护动物。1992年中国青海省林业公安机关就查获了80多起偷猎藏羚羊的特大案件，没收藏羚羊皮1万多张，子弹10万多发。1996年在新疆一个保护区，抓获偷猎者20多人，还判了刑；缴获1100具藏羚羊尸体，还有步枪、子弹等。

现在康藏高原还建立了工作委员会，专门对付盗猎团伙，保护野

生动物。还建立了自然保护区，专门挽救濒临灭亡的藏羚羊，使珍稀藏羚羊有了宁静安稳、繁衍生息的乐园。

世界环境保护专家也为藏羚羊的命运呼吁，要人们救救藏羚羊，不要再去购买"沙图什"披肩和其他藏羚羊的羊绒制品。

60 双"手"半夜敲门

在喀麦隆一个村子里，有个猎人碰巧看见一只小猩猩独个儿在游荡，猎人十分高兴，就用计把小猩猩捉住了，带回村庄。村里人络绎不绝上猎人家去参观小猩猩，热闹了一天。谁知第二天就有人发现有群大猩猩，在夜里窜来窜去，好像在寻找什么。

村里人一起商量说："看来这群大猩猩在寻找失踪的小猩猩，怎么

办?"最后大家决定，把小猩猩转移到别的地方。

小猩猩被转移到安全的地方，大伙以为可以平安无事了，谁知到了晚上，60只猩猩在村子里转来转去，朝每家每户拍打门窗，搞得家家户户不得安宁。第二天，第三天，夜夜都是这样，村民们害怕极了，受不了猩猩的捣乱，纷纷去找村长拿主意。

村长只好下令，要猎人把小猩猩放了。当天晚上，小猩猩被放出来了，大猩猩拥着小猩猩，欢呼着、跳跃着，回到森林里去了。

从此，村子里就安宁平静了。村里人都守着一条规矩，不再乱捕猩猩了。

芭蕉林奇案

西双版纳芭蕉林青青绿绿，油棕树郁郁葱葱。那天天际刚露出一抹霞光，南腊派出所所长岩龙刚起身，就听见大嗓门岩亮大声嚷嚷："岩龙哥，不好了，你家大伯被人杀了。"

　　岩龙大吃一惊，心想，安泰大伯一向为人本分，待人和气，是曼院村出名的好人，谁会暗杀他呢？

　　岩亮带岩龙到瓜棚说："昨晚大伯守西瓜地，在瓜棚遇害的。"岩龙走进瓜棚，看见大伯躺在地上，脸扭曲着。岩龙忍住泪水，揭开盖在死者肚子上的席子，不由得眉头皱起来，好惨呀。死者的肚子被利器深深扎穿了，肠子也流出来了。

　　岩龙愤怒地喊："是谁这么残忍？我一定要把凶手查出来。"他再三观察，仔细查看，就是不明白凶手用的是什么凶器，不像刀子，也不像锥子。岩亮看着瓜棚外地上一个脸盆大的深坑，自言自语地说："奇怪，好像是大象的脚印。"岩龙也说："我也觉得像大象的脚印。"

　　岩龙陷入了沉思，近年来，扎古常常赌钱，会不会输了钱，为了财杀害安泰呢？但扎古瘦骨嶙峋，那有力气害安泰？他越想越纳闷。

　　岩龙正准备去找扎古，扎古却闯进门来，气急败坏地说："岩龙所长，快救救我，凶手下一个要杀的一定是我。"

　　岩龙大惊："大叔，你知道凶手要杀你，你不会防备？"扎古摇摇头说："没有办法躲避的。几年前，我逃避过一次，可是凶手现在又回来了，凶手是不顾一切的呀！"

　　岩龙越听越糊涂，问："大叔，凶手是谁？我们马上抓住他。"

　　扎古叹了口气，讲了一个真实的故事：

　　那是一个风和日丽的日子，当时安泰和扎古每人扛一支药枪，一头钻进大森林里，想乘机打几只鹿子，拿回家解解馋。可是他们转来转去，爬了几个山头，连山鸡也没打到一只。两人来到一块开阔地带休息。

　　扎古突然喊起来："安泰，快看，那是什么？"

　　安泰朝前面不远处的一个山脚下望去，一头大象正在悠然自得地吃着芭蕉叶。

　　扎古说："是一头公象，听说象牙值好多钱呢，打吧！"

安泰说："不，打死大象要坐牢的。"

他们既不敢打死大象，又舍不得这值钱的象牙。两人终于想出了一条既不打死大象，又能得到象牙的两全其美的妙计。

他们赶忙返回村里，千方百计去买了两颗麻醉子弹，又借了一支半自动步枪。第二天，他们又钻进密林里，顺着大象的脚印寻找，终于在一个山洼里找到了那头有一双美丽长牙的大象。

安泰悄悄靠上去，把两颗麻醉子弹推上枪膛，一扣板机，子弹射进大象的屁股。那只大象剧烈抖动了一下，转过身来瞪了他们一眼，就直追过来，两人吓得丢枪逃命。可是大象才追了10多米远，就倒下了，是麻醉药起了作用。他们两人乐得手舞足蹈，连忙掉头回去，抽出长刀对准象牙猛砍。谁知大象并没有完全醉昏，它睁着血红的眼睛，用那灵巧有力的鼻子向他们抽打。于是扎古使劲按住象鼻，安泰拼命砍，一支象牙被砍下来了。

正当安泰准备砍另一支象牙的时候，大象发出一声尖厉的叫声，站起来了。它撅起剩下的一支象牙，向他们冲刺过来。两人惊慌地逃跑了……

岩龙静静地听完扎古讲的故事，心里好沉重好沉重。他低沉地问："后来你见过那只大象吗？"扎古心情沉重地说："我听人说过，大象是极有灵性的，有特异的嗅觉，会记住人的气味。有次我去苞谷地里，听到一阵响声。回头看见是那只独牙象，总算给我逃过了袭击，当天夜里，我家的那片苞谷被糟蹋得一棵不剩。后来，村里人用火药枪把它赶走了，好几年没见到它了。今天，我去看了安泰，我明白了，那只大象又回来了。"

真相已经大白，杀害安泰的凶手就是这头独牙象，它报复来了1～2

扎古拉住岩龙，声音颤抖地喊："岩龙，我会把象牙拿出来交给政府，然后再去坐牢。因为这头大象是不会放过我的，我还是在监牢里安全。"

岩龙握住扎古的手，劝慰说："大叔，你别怕，我立刻报告上级，马上采取措施。"

几个月后的一天傍晚，岩龙来到安泰大叔墓前。此时，独牙象生活的那片芭蕉林，已被政府作为禁区保护起来。而扎古为了躲避独牙象的报复，躲到城里做生意去了。

岩龙一边祭奠安泰大叔的亡灵，一边面对美丽的大自然沉思起来：是呀，独牙象用它的行为教训了人类，如果人类继续荼毒生灵，迟早会受到自然界的报复……

与巨猿交朋友的姑娘

从环境道德的角度看，人是地球上庞大、复杂的生态系统中最富有智慧和知识的一个成员，是自然界中的一部分。人类应当及时、坚决、彻底纠正那种以自然界主人自居，把自然界仅仅当作自己的仆人与玩物的错误观念；人类与自然应当建立起一种和睦、平等、协调、统一、相互尊重的新型关系。可喜的是，良好的环境道德已被越来越多的人所接受了。

一、与巨猿交朋友的姑娘

40 多年前，美国加州大学有位聪明伶俐的姑娘名叫加尔第卡斯，专修心理学，后又攻读人类学。在学校里，她不仅获得了丰富的知识，而且培养了强烈的环境意识。毕业后，她便到加里曼丹的大森林里，与巨猿一起生活。

巨猿是智力很高的灵长目动物，生长发育缓慢，寿命很长，体重可达 100 多千克，生活在热带雨林深处，平常行踪难觅，只有在信得过的人面前才肯停留。加尔第卡斯和助手为了仔细观察和研究巨猿，整天跟着巨猿穿密林、过山谷，劳累和艰辛程度非常人所能忍受。但她从不退缩，与巨猿交朋友，同生活。有时受着伤寒、疟疾等各种疾病的折磨，有时遭到枝叶刮伤皮肤、水蛭吸血的伤害，有时风餐露宿、饥寒交迫，但她无怨无悔。通过考察研究，她不仅掌握了丰富的自然科学知识，还为保护濒临灭绝的巨猿和它们赖以生存的热带雨林作出了突出的贡献。

通过 20 多年艰苦卓越的努力，现在她已有一个初具规模的营地，掌握了巨猿从小到大的生活情况及巨猿的习性。她本人已获得加拿大西蒙·弗雷泽大学终身教授的殊荣，每年在这个学校讲课 4 个月，其余时间仍在热带雨林与巨猿共同生活，悉心进行科研活动。她对大自然的赤诚之心，赢得了世人的敬慕，美国官方机构和公众团体组织都向她伸出援助之手。目前，她在美国洛杉矶建立的巨猿国际基金会正在发挥有力的作用，她的事业得到了很好的发展。

二、后脑勺上戴面具的人

在美国的西北部有一个很大很大的国家公园。在这个公园里，有数不清的花岗石岩峰，崎岖曲折的道路，几千处奔腾不息的喷泉，北美洲西北部独有的奇花异草。然而，最迷人的是在保护得很好的自然环境中生活着的名目繁多的各种各样的野生动物。这里的每种动物，都按其习性大体圈定了一个范围。在凶猛动物的栖息地，还配备有若干警戒人员，用报话器和其他现代通信设备进行联络，以防不测事件的发生。游客乘着汽车在动物园中游逛，可以看到成群的猴子在树上跳来跳去，有的还爬到汽车上敲玻璃窗门，伸手讨东西吃；还可以看到野牛在远处的山坡上奔跑，一群就有几十只，跑的声响震动山地，黄土的烟尘扬得老高老高。悠悠慢步的大象却对身边的一切不屑一顾，只知道用长鼻子卷起青草往嘴里送。麋鹿低头在湖边吃草，听见汽车的发动机声，翘起尾巴飞也似地跑了。

最使游客感到新奇的是在老虎活动的区域内，那些手拿电棍的警戒人员都戴着一只橡皮做的面具，而且把面具戴在后脑勺上。游客们在汽车里看到有只老虎，目光炯炯地盯着一位警戒人员，可看了一会，转身悄悄走开了。

经过工作人员的介绍，游客们才明白。这些警戒人员是努力保护野生动物，使它们免受伤害的。但是，性情凶猛的野兽都是不会懂得人们对它的一片苦心的，它们也不会想到要保护人，一有机会，就会伤人。既要保护野生动物，又要让自己免受其害，为了解决这个十分矛盾的问题，人们绞尽脑汁，想出了许多奇妙的办法。如：在森林里老虎出没的地方安放了带电的假人，当老虎发起攻击，扑向假人时，就会被假人身上放出的电流打得头昏眼花，全身麻痛难受。几次三番

吃过苦头的老虎，以后看到人就不敢再放肆了。还有一种更好的办法，就是让警戒人员都在脑后套上假面具，因为在老虎保护区里，人们发现，猛虎在向人发起攻击时，每每都是从人的背后猛扑过去，把人扑倒在地，然后咬死。因此，当人戴上面具之后，在老虎的眼里，一正一反两张面孔，它找不到人的背面，也就无从下手了。习惯于从人背后发动突然袭击的老虎，被人的这一聪明的奇招难住，再也不敢蠢蠢欲动，只好老老实实、安分守己地在自己的区域内活动了，而警戒人员也可以放心地执行自己的任务了。

三、保护国宝——大熊猫

在茫茫无际的高山密林中，缺乏现代化设备的野生动物抢救人员要监测四处游荡的国宝——大熊猫，困难之大是可想而知的了。

　　然而，大熊猫的保护神——巡逻队员和大熊猫故乡的人民，硬是不停地在做着这项艰苦的工作。他们靠的就是一双脚，巡逻、调查、监视、跟踪，年年月月不停地走。他们是在风雨中、冰雪里登攀；是在陡崖上、激流中跋涉；是在野兽威胁、蚊虫叮咬中前进；是在靠干粮、雪水、食盐充饥和露宿岩窝、树丛的条件下，在只有野兽出没的路上奔走，在险象环生的境地没日没夜地工作。

　　有一次，监测队员高本周和队友们一起，在陕西佛坪石堰沟正在用望远镜观察远处的一只大熊猫在津津有味地吃东西和玩耍，突然听到身后的树林里沙沙作响，有经验的高本周立刻警惕起来，转身朝后一看，嘿！好家伙，一只大狗熊正快速向他逼近。高本周急忙向边上的一条山路奔跑，大狗熊在后面紧紧跟上。可是跑了一阵，山路突然出现了一些石块，高本周还来不及翻越，就被狗熊一下抓住腿部，把他扑倒，情况十分危急。紧跟着赶来的高本周的队友立即冲上去，不顾危险打跑了狗熊。此时，高本周已经休克，腿部红肿，大家轮流背着他沿着崎岖的山路奔跑了几十千米，送到医院抢救。

为了抢救濒临灭绝的珍稀动物，有多少人在忘我地工作着，让我们向这些大自然的卫士致以崇高的敬礼！

四、机智勇敢的小战士

我国西南边陲的西双版纳有着很大很大的原始森林，那里是野生动物的乐园。在原始森林边境线上，有一支人民解放军部队在日夜守卫。边防战士们既是祖国领土的保卫者，又当珍稀动物的"卫士"。

有一天，一位年轻的战士戴承颜奉命下山执行任务。他在原始森林中走啊走，被周围的奇草异木、美妙动听的鸟鸣所吸引，他为自己能保卫如此美好的人与动物的家园而感到自豪。在他对大自然发出由衷的赞美的同时，始终保持着战士特有的警觉。突然，他感到身后有一阵沙沙的声响，他猛地转身，发现不远处，有只斑斓猛虎正睁圆双目看着自己，并一步步向他逼近。这突如其来的一幕，让小戴倒吸了一口凉气。

说时迟，那时快，刚待小戴反应过来，老虎已张开血盆大口，一个箭步向他扑了过来。小戴急忙顺势滑到一座土堆下，躲过了老虎的第一次攻击。老虎扑空后，一个转身又返回了头。小戴利用空隙时间，双手抓住树枝，一下子爬上了树。老虎恼羞成怒，眼看到嘴的"食物"跑掉了，立即前爪腾空，朝正在树枝上"荡秋千"的小戴抓去，可是因为小戴爬得较高，老虎抓了几次抓不到，于是倒退了几步，一个冲刺，又朝树上的小戴猛扑过去。好险哇，就差一点儿就要抓到小戴了，可小戴身子朝上一收，躲了过去。再看老虎，好家伙，这一冲正好被前面的一棵树权卡住了。小戴在树上看得真切，那老虎在枝权间挣扎，进退两难。小戴左手紧紧抱住树干，右手从肩上取下冲锋枪，难道开

枪把老虎打死么？不会，他虽然身处险地，却没忘记自己还有保护野生动物的职责，况且华南虎是濒临灭绝的珍稀动物。于是他单手举起枪朝天发了一梭子弹，"哒哒哒——"的枪声，惊得老虎以恐慌的眼睛朝小戴看了几眼，又拼命一挣，终于挣脱了树杈，连头也没回，直朝密林深处逃去。这样，机智的小战士既避免了老虎对他的伤害，又挽救了老虎的生命。

五、胡连长救小鹿

1992年5月的一天，新疆军区驻伊犁河谷某部的官兵协助当地清理森林的环境卫生。中午时分，战士们午休了，森林里静悄悄的，连长胡奎保却在巡逻查哨。突然，他听见了一阵轻轻的鹿呦，原来，是一只受伤的小马鹿，它一跛一跳地走着。胡连长飞快地追上去，一把抱住小马鹿，细细一看，小马鹿前腿受了伤，还流着鲜血。它的一双大眼睛渗着泪水，看着胡连长，好像说：好心的人，快救救我吧。胡连长立即叫来部队卫生员给小马鹿上了药，包扎好伤口。

看着受伤的小马鹿，胡连长心里很难受，当天晚上，他召集连队官兵和当地的村民开了一个会。会上，胡连长给大家讲解了野生动物保护法，然后说："小马鹿是国家二级保护动物，我们一定要好好保护，千万不能伤害它们。"

在胡连长和战士们的精心喂养下，不到一个月的时间，小马鹿伤口痊愈了。活蹦乱跳的小马鹿每天吸引不少人来观看。有一天，一个商人路过，想出高价收买这头小马鹿。胡连长听说后，立即赶来，严肃地对那个商人讲，珍禽异兽是国家的宝贵财富，是我们人类的朋友，是国家法律保护的对象，捕杀和买卖珍禽异兽，是一种违法犯罪行为。那个商人听了连连点头，说以后再也不敢动野生动物的脑筋了。全连官兵和在场围观的群众，通过胡连长的现场教育，都纷纷表示，要保护好野生动物，让森林成为野生动物的乐园。

当场，胡连长把调养得十分健壮的小马鹿放回到了大自然的怀抱。

六、放海龟回大海

一天清早，守卫西沙群岛的几名解放军新战士正在海岸上练习长跑。突然看到海滩上伏着一只大海龟。这一庞然大物长 125 厘米，宽 75 厘米，体重足足有 150 多千克。这个大家伙长着圆圆的头，一对小小的眼睛一眨一眨，还拖着一条细长的尾巴，它那宽大的椭圆形的背上可以坐上个人。几位新战士看到了高兴得跳了起来，他们从来没看见过这么大的海龟，出于好奇心，他们费了九牛二虎之力，"吭唷、吭唷……"把这只庞然大物抬回营地。

消息一传十，十传百，一下子来了好多看热闹的人。各种议论都出来了。有的说，海龟是国家二级保护动物，应当把它放回大海！有的说，这么一个大海龟，平时不要说能抓到，就是连看也怕没眼福，现在送上门来，机会多好，放了真可惜，不如杀了它大家美餐一顿，听说龟肉大补，龟壳还是值钱的中药材呢。一位中年渔民看出这是一只百龄海龟，当即愿意出 3000 元的高价买下这只老龟。

部队的领导闻讯后马上赶到现场，听了大家的各种议论，联想到近几年岛上发生的一些民工和渔民为了贪图暴利，肆意捕杀海龟的事，心中十分不安。海龟是珍贵的保护动物，作为人民海军，应当积极宣传，带头执行国家有关保护野生动物的法规。于是，部队领导当场宣布，一个星期以后，在这里进行放龟仪式，让这只海龟回到大海。

部队领导请来动物专家对这只百龄老龟进行了彻底的体检，并作了详细的记录，拍下了照片，作为以后的宣传资料。经过一个星期的精心调养，海龟不仅健康无恙了，而且还和官兵们有点熟悉了。

在一个风平浪静，阳光普照的日子，突然，一阵号子声响起，海

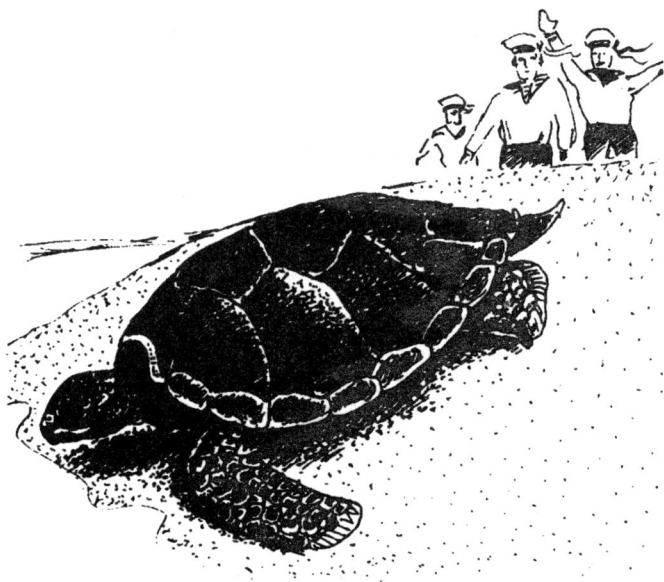

滩上数百名官兵和群众都围了过来。只见 6 名身穿泳装，打着赤脚的小伙子，踩着被太阳晒得有点发烫的沙滩，将那只庞然大物一直抬到齐腰深的海水里面。那只大海龟浮在水面，把头扭了回来，在水里兜了几圈，瞪着一双小眼睛，向岸边的人群点了几下头，依依不舍地潜入海里。岸边的人群看到大海龟安然无恙地返回大海，高兴得欢呼雀跃。围观的群众都深有感触地说："海军战士给我们上了一堂课，使我们懂得了要保护海洋动物。"

七、抗洪救麋鹿

1998 年夏季，湖北省石首国家级自然保护区遭到特大洪水袭击。自然保护区里有 140 多只珍稀保护动物——麋鹿。在洪水汹涌的气势逼迫下，30 多只惊慌的麋鹿跳入惊涛之中，保护区的温主任立即带领

工作人员驾船保护，使它们安全到达对岸的人民大院农场。由于设备条件有限，一下子不能将它们及时送返保护区，温主任于是就和农场商量，暂时让30多只麋鹿留在那里。农场领导虽然肩负抗洪救灾的重任，但毫不犹豫地接受了这一"额外"的任务。他们让出一片庄稼地，那里有麋鹿喜欢吃的玉米、黄豆等作物，还指派了专人看护。在农场"作客"的麋鹿在这里美美地生活了几天，真有点乐不思归了。

在保护区的100多只麋鹿，同样受到了特别照顾。有两艘船专门打捞水草给麋鹿作饲料。工作人员还千方百计弄来精饲料，给麋鹿增添营养。为了预防洪水之后可能发生疫情，人们不仅加强卫生管理，还在精饲料里加添预防药剂，在动物生活区经常消毒。在滔滔洪水包围之中，麋鹿安然无恙地生活着。

八、幸运的大熊猫

大熊猫是我国一级保护动物。大熊猫是一种很古老的动物。300万年以前，它们就出现在地球上了，到了100万年前，东南亚和我国东南沿海各省都有它们的足迹。后来，随着自然环境的变化，大熊猫生活的环境缩小了，只有我国四川西部和北部山区、陕西秦岭及甘肃最南端少数几个自然保护区内还有大熊猫生存，但只有1000只左右了。大熊猫太少，生活区域又太小，另一方面，曾和大熊猫同时期生存过的许多动物已灭绝，成了化石，所以人们把幸运地生存至今的大熊猫称为"活化石"。

现在，大熊猫虽然成了濒危动物，但又幸运地受到了特别的保护。我国还设立了大熊猫专业性研究机构——成都大熊猫繁育研究基地。它位于大熊猫故乡四川省成都市北郊，占地30多公顷，设有模拟的大熊猫野外生态环境。

1993 年 9 月 24 日，第一届成都国际熊猫节召开期间，台湾歌星童安格看到憨态可掬的这一国宝太可爱了，认养了第一只大熊猫。以后，美国摩托罗拉公司、全美人寿保险公司、成都卷烟厂等 8 个单位及个人纷纷认养大熊猫共 20 多只，被认养的大熊猫已占整个基地熊猫总数的一半以上。认养者十分关心大熊猫的生长情况，他们几乎每年都会不远万里来成都看望认养的"孩子"，基地也不时将大熊猫的情况反馈给养主。

1998 年一只叫"小齐"的 1 岁零一个月的雄性大熊猫和另一只叫"伦伦"的 1 岁零两个月的雌性大熊猫又有了新的"爸爸"、"妈妈"。台湾歌星任贤齐、苏慧伦捐赠 5000 美金认养了它们。两位歌星表示，大熊猫是他们心爱的动物，这次把亚洲之行的最后一站放在成都，就是因为要来大熊猫的故乡，看看大熊猫。

鸟类，我们的朋友

鸟类是人类的朋友。绝大多数鸟类都是捕食害虫的能手，一对啄木鸟能保护 6000 多平方米森林免遭虫害；一只猫头鹰一个夏天能捕捉 1000 只老鼠，等于保护一吨粮食；一只燕子一年可以吃掉 3000 只害虫；一只大杜鹃一天可以吃 300 多条松毛虫；一窝有 3～4 只小鸟的燕鸻一个月能吃掉 16200 只蝗虫……鸟类保护我们的生存环境，我们应该保护它们。

99 只隼

两个外国人托尼和沙尼在中国青海祁连山里翻山越岭，走得精疲力尽，可仍是两手空空。他们千里迢迢来中国干什么？他们是来偷猎隼的，因为隼在国外可以卖高价。隼是一种飞行快速的猛禽，身体呈流线型，肩部宽阔有力，尾部细长，双翅尖长，俯冲时速度达每小时 280 千米。它们喜欢吃昆虫，特别爱吃蝗虫，追捕猎食对象时，像一架歼击机呢。它们是国家二类保护动物。两个外国人终于打听到当地有个叫哈本的猎户，地形熟悉，能找到隼的居住地。于是他们找到了他，对他说："朋友，你能带我们去找到隼吗？我们给你 1 万元酬谢。"

哈本一听可乐了，只是带带路，就得上万元钱。可是他有点害怕，他想起上回他偷猎了一只隼，被检查到了，罚了1000元。检查员告诉他，隼是国家二类保护动物，念你初犯，下次再发现，你就要坐牢。他摇摇头说："不行，猎隼是犯法的。"

托尼凑过去拍拍哈本的肩膀说："我们悄悄地干，就我们3个人知道，你放心。这样吧，办成了，再加1万元。"

在金钱的诱惑下，哈本同意了。他带着两个外国人进了野牛沟，这里树木茂密，溪水潺潺，是隼群集居的好地方。两个贪心的外国人如获至宝，抓了一只又一只。哈本说："好了，可以回去了。"

那两个人嘻皮笑脸地说："凑满100只，我们才算不白来一次呀！"

哈本拿了人家的钱，只好眼巴巴地看着他们把珍贵的隼捉走。最后他们说："好了，99只隼，哈本，留一只给你吧！"

外国人离开野牛沟，把笼子伪装起来，他们得意洋洋到酒店大吃一顿，兴冲冲带上两个大网篮登上大客轮，住进了头等舱。

船到关卡，过了这道卡，就进入公海了，两个外国人在船舱内祈祷上帝保佑。

检查员一个舱一个舱地仔细检查，快到头等舱了，船员说："头等舱就不用检查了吧！"检查组长说："不行，都要检查，别看他们穿得体体面面，走私、贩毒的不少呢。"

检查员到了托尼的房间，他连忙殷勤地递上香烟。检查员客气地拒绝了，查了一遍，没有发现什么。正要出门时，组长突然闻到一种奇异的香味，引起了他的警觉，他顺着香味寻过去，在一个角落里放着两个漂亮的网篮，香味是从那儿发出来的，他刚要揭起盖在上面的塑料布，托尼赶忙拦住说："对不起，这里是我爱吃的兔子肉，最好别动。"

组长揭起一看，真的是兔子肉。但香味不是兔子肉香，也不是香水味。他抬头看见托尼和沙尼抹着额上的汗，似乎松了口气说："是兔

子肉吧！"

检查组长灵机一动，以迅雷不及掩耳之势移开兔子肉，哇，下面是睡着了的隼。

两个外国人慌了，连忙掏出一叠美钞，塞到检查员手里，嘴里不停地说："高抬贵手，一共就几只，放过去了吧！"

检查员摔去美钞，仔细一搜，不得了，竟有 99 只，这么珍贵的隼被偷猎 99 只。隼已被一种奇异香味熏得睡迷糊了。

99 只隼得救了，全部放飞回山林去了。两个外国人和贪财的哈本，因犯偷猎走私罪，得到了应有的惩罚。

乌鸦捣乱

日本北海道地区一列火车正在行驶。突然，铁轨上发现"可疑物品"，紧急停车。列车工作人员下去检查，发现铁轨上的可疑物是石块，好险呀！这是谁干的？是存心制造车祸，还是……

经过多方调查，终于弄明白了，这事是乌鸦干的。日本的乌鸦是很多的，大街小巷随处可以听到乌鸦的叫声和看到它们的影子，有的在垃圾堆旁寻找食物，有的落在屋顶上、电线上。因为乌鸦能捕捉害虫，又能清除垃圾，人们都乐意保护它们。

但是乌鸦为什么恶作剧呢？东京大学的鸟类科学家为了揭开乌鸦恶作剧之谜，对这些"作案"的乌鸦进行长期跟踪。他们发现在横滨电车路段附近有一处养鱼池，人们常喜欢把撕碎的面包投入池内，常常有散落在池边的面包块，乌鸦当作美食吃得津津有味。吃不了的怎么办？乌鸦们就把面包块藏到铁路两旁的基石下，谁知一场大雨，面包被淋湿了，膨胀了，粘在石头上，乌鸦来寻找它藏的食物，看到面包粘在小石子上，为了吃起来方便，就把粘有面包的小石块衔到铁轨上。

乌鸦是十分聪明的鸟，它和火车捣乱还不算，又和汽车捣乱了。

日本仙台地区盛产核桃，核桃熟了，掉在地上，乌鸦喜欢吃核桃肉，它衔着核桃从很高的地方摔下来，摔碎了壳吃里面的肉。后来在仙台汽车教练场附近的乌鸦，发现汽车轮子能碾碎核桃，就"发明"了个绝妙的方法，将核桃放在汽车将驶来的路上，借汽车轮子的力量帮它们碾碎核桃，很快这个方法在仙台地区"推广"了。乌鸦这样做给汽车司机添了不少麻烦。

乌鸦给人们带来麻烦，但是日本人不捕杀乌鸦，还要保护它们，怎么办呢？

为了防止乌鸦捣乱，只有把它们赶跑，人们想了很多方法驱赶，但都不十分灵。后来，人们发现乌鸦最怕海鸥，就把海鸥的叫声用录音机录下来，放在垃圾堆旁、铁路旁、公路旁播放，乌鸦听到这种声音，果然逃得无影无踪。

燕子坐火车

一辆满载燕子的火车正在徐徐开动，人们跟着列车奔跑，挥手向燕子道别。你一定很想知道，为什么要给燕子坐专列呢？

这个故事发生在1990年，欧洲的瑞士。这年春天，天气突然出奇的冷，可是成千上万的燕子并不知道，它们按时迁到北方，没想到遇上瑞士这种奇冷天气，那里的昆虫几乎都被冻死了。那些经过长途飞行归来的燕子们，找不到一点儿吃的，身上又饿又冷，有的昏死了，有的在寒风中瑟瑟发抖，眼看成千上万的燕子要冻饿死去。这可惊动了瑞士人民，他们为燕子呼吁。为了帮助这些人类的朋友渡过难关，瑞士政府决定为燕子开专列，把它们送到南方去。

于是电视台、广播电台播送着寻找燕子的启事。人们纷纷走出家门，要去寻找燕子。他们冒着料峭春寒，顶着漫天飞舞的大雪，在冻得坚硬的山路边，四处寻找着已经飞不动的燕子们。人们把燕子装在篮筐里、纸盒里送到火车站。

有个叫珍妮的姑娘住在很远的小镇上，她听了广播后，就把住在她家屋檐下的一对燕子装在纸盒里保护起来。她还和爸爸妈妈一起去山间岩缝里找寻那些快冻僵的燕子，他们的手冻麻了，脸冻得通红，一共救护了 18 只小燕子呢。当小珍妮捧着一只纸盒子，和爸爸妈妈赶到车站时，列车快要启动了，她叫喊着："请等一等！"

站台上的人纷纷为他们闪开一条路，他们把纸盒子递给站在车门口的乘务员小姐说："大姐姐，让它们上车吧！"乘务员小姐笑着接过纸盒，还对小姑娘说："小姑娘，你很可爱，上车看看你的朋友们吧！"

小姑娘高兴地走进车厢，车厢里暖烘烘的，大大小小的铁笼子里，有数不清的燕子在里面快乐地跳跃着，有的还唱着清脆悦耳的歌声。

小姑娘慌忙打开自己的纸盒，里面是两只燕子，脚上还系着红布条呢。

小姑娘告诉乘务员小姐说："这是住在我家的燕子，我给它们系上了红布条，希望它们去南方躲过这个寒冷的春天后，再回到我家来作客。"

鸟 医 院

佳佳跟爸爸妈妈去印度旅游，一天在印度首都新德里过夜。早晨，爸爸说，等会去参观一家医院。佳佳想，医院有什么好看的。

他们到了一座好看的两层楼的建筑，走进里面，除了医生和护理人员，一个病人也没有看到。

佳佳奇怪了，病房和病人在哪儿呀？

妈妈指指围墙上许多鸟笼说："这就是病房，病人就住在里面。"

佳佳兴奋起来："哇，是鸟的医院。"他看到笼子里有秀美的芙蓉鸟，有会说话的鹦鹉……他看到有的护士在给鸟喂食，有的在给鸟点眼药水。这时又有人送来一只鸟，说是这只鸟跌断了脚爪，一拐一拐的，医生连忙给鸟接骨治伤，关进笼子。

佳佳又看见护士打开鸟笼，把一只漂亮的小鸟捧在手里，看了一会说："你的胃病好了，可以出院了。"说完把手一松，鸟儿扑扑翅膀飞走了。佳佳问："阿姨，你把鸟放了，鸟的主人来要，怎么办？"

护士笑笑说："我们医院有个规定，凡是来治病的鸟，治好了要放归大自然，鸟的主人不能领回去。你知道吗？一个城市如果有20万人养鸟，每人养2只，那么大自然中，将有40万只鸟被关起来害死。"

佳佳的妈妈问："那太好了，如果鸟病死了呢？"

护士小姐说："那就按我们印度的风俗火葬。"

这时参观的人越来越多，鸟医院的院长出来接待大家。他告诉大家：这所鸟医院1930年建立，1957年扩建，每年救治一大批鸟，还引来越来越多的爱鸟旅游者参观呢。

佳佳问："这所医院是谁出钱办的呢？"

院长说："这医院是靠自愿捐款办起来和维持生存的。"他说："好多年前，这墙上只有一个外国旅游者题词，现在围墙上到处是参观者各色各样的题词。"

佳佳凑近围墙一看，真的，围墙上题词密密麻麻，有画，有诗……爸爸拿起笔写了一句"祝鸟医院越办越好！"佳佳手痒痒的，也拿起笔写了一句："我爱鸟，长大也要办个鸟医院。"

7 只和 80 只

1978 年一份有关野生动物的紧急报告——朱鹮已陷入灭绝的境地，敲响了警钟，引起了亚洲国家的关注。朱鹮鸟是一种珍贵鸟类，生活在东南亚和中国北部、朝鲜半岛、日本。报告说，日本最后一只野生朱鹮已经死去，动物园里养的 6 只朱鹮都失去了生育能力。现在只有中国有了，可是在 1964 年捕到最后一只朱鹮后，一直就不见朱鹮的踪迹。到哪儿去找朱鹮呢？

中国组织了科学考察队，到各地寻找朱鹮。他们在东北地区找了好久，不见朱鹮踪迹。后来考察队找到秦岭地区，发现那里森林茂密，水源充足，很适合鸟类生存，而过去朱鹮在这一带活动过，可能找得到朱鹮。

考察队员满怀希望，不辞辛苦，钻进深山老林，走遍村村落落，仔细查找有价值的线索。他们还向当地村民宣传，展出朱鹮的照片。

有一次，有个小学生叫胖胖的，看了照片说："哇，这是红鹤呀，我知道在哪儿有。"（当地人不知道叫朱鹮，以前都叫它红鹤）

考察队员高兴地围住胖胖问："小朋友，能带我们去找红鹤吗？"胖胖点点头说："只要老师同意请假，我就去！"

考察队和胖胖的爸爸妈妈、老师一起商量，大家很支持这个工作，学校教自然课的李老师也乐意协助考察队一起找朱鹮。

他们翻山越岭来到一片稻田中，胖胖说，就是这个地方。于是大家隐蔽起来，天气很热，虫子不停地搔扰，但是大家忍耐着，静静地观察着。等呀等呀，等了好长时间，胖胖说："来了!"大家看见远处山谷里一前一后两只白色鸟儿，矫健地往这边飞来，轻轻地落在田埂边的一棵大树上。

大家看清了这两只鸟的模样：背上洁白的羽毛，从下颔的尾羽到下腹部是一抹绯红的羽毛，两颊的羽毛特别鲜红，真是美丽极了。

一位考察队员悄声说："就是它，可爱的朱鹮。"他们小心翼翼地轻手轻脚地观察、拍摄照片。

这次的新发现，实在是太令人高兴了，难怪考察队员们对胖胖又抱又亲，都说他是小功臣。

这个发现也证明了附近有朱鹮，村民们也帮着一起寻找。这样，他们一共发现了7只成年朱鹮。快要灭绝的珍贵鸟类，发现一只就不得了，一下子发现了7只，真是个奇迹。这个发现也立即引起全世界的关注。

为了保住这个奇迹，考察队员马上投入紧张的工作。他们在朱鹮的巢边搭起了窝棚，不顾风吹雨打，烈日晒，虫子叮，他们坚持观察，保护这7只朱鹮，决不能让它们少1只。

终于盼到一对朱鹮产卵了，4只光溜的蛋闪着亮光。不久，4只活泼的小朱鹮从壳里钻出来了。4只小朱鹮来到世界上，大家多么高兴地迎接它们，考察队员们翘首以待了多少个日日夜夜呀!

第二天，一只特别小的朱鹮，大概因为体弱力小，被它的哥哥姐姐们挤出了鸟巢，落在田埂上，朱鹮爸爸妈妈看着孩子掉在地上，没有本领把它搬进巢去，只好在树上大声哀叫。考察队员们看到了这幕情景，等朱鹮爸爸妈妈飞出去寻找食物时，就忙着把那只小朱鹮送回巢里。可是第三天，那只弱小的朱鹮又被挤出巢，掉在田埂上哀鸣。

考察队员决定对这只小朱鹮进行人工饲养。胖胖和同学们知道

了，都来帮忙，他们挖来了田螺，捉来了小鱼和小虾，喂朱鹮吃得饱饱的，小朱鹮一天天长大，长得健壮美丽。它被送到了北京动物园，成了最受欢迎的客人。

后来，人们在这儿建立了朱鹮自然保护区，那里的朱鹮已有 80 多只，看着这些可爱的朱鹮成群地、欢乐地自由飞翔，人们心里也有说不尽的快乐。

国王吃不到樱桃

古时候欧洲有个普鲁士王国，这个国家真是个樱桃王国，那里到处有一片片的樱桃林，家家户户屋前屋后种了很多樱桃树。春天来了，樱桃花开了，红色的花蕾，粉色的花朵，绿油油的小叶片，好迷人的樱桃花景色。这时候，小麻雀们忙开了，它们不停地在樱桃树丛里飞来飞去，叽叽喳喳唱着歌，嬉闹着，跳跃着。

普鲁士国王喜欢樱桃花，也最喜欢吃樱桃。一天，他正巧在樱桃树林里散步，观赏着樱桃花。一群群麻雀在樱桃树丛中飞舞，一会儿啄一下绿色的嫩叶子，一会儿啄一下花朵儿。哎呀，一只小麻雀不小心把一朵樱桃花碰落在地上了。国王顿时大怒，立即下了一道命令：麻雀的歌声叽叽喳喳难听极了，把麻雀和小鸟儿统统赶出樱桃林。

卫士们百姓们都来驱赶麻雀，麻雀被赶走了，樱桃树林安静了。没有了麻雀们叽叽喳喳的歌声和嬉闹声，可是樱桃树上的叶儿蔫了，果子结得七零八落。这一年，樱桃收成很少，人们弄不明白这是什么原因。

第二年，樱花又开了，麻雀们欢欢喜喜飞进樱树林。国王又下令驱它们，还下令谁灭一只麻雀，可以领赏。于是，人们起劲地驱赶消灭麻雀。

开始，人们兴高采烈地领了奖金回家，可是后来却愁眉苦脸了，樱桃树上不结樱桃果了。

这可真是怪事，国王着急了，他吃不到最喜欢的樱桃了。他下令专家们调查这件怪事。

专家们研究了樱桃树只开花不结果的原因，原来是害虫在作怪，他们连忙报告国王。

国王又下令研究消灭害虫的方法，发现麻雀和小鸟们在樱树林里嬉戏闹玩儿，是在捕捉叶上和花上的害虫。当愚蠢的国王下令赶走麻雀时，樱桃树们多么伤心，但它们不会说话呀。

国王终于明白自己做了错事，麻雀是樱桃树的好朋友。于是又下一道命令：保护麻雀和其他小鸟。

春天，樱桃花丛中，麻雀们又欢快地忙碌地捕捉害虫。国王觉得麻雀叽叽喳喳的歌声好听极了。那年樱桃树上的樱桃果长得满满的，甜甜的。

鸟儿们各自有自己的本领，没想到吧，小麻雀还有这么大用处。当时，美国、加拿大、澳大利亚等国没有麻雀，害虫猖獗，从1851年起，都曾向欧洲大陆进口麻雀，来捕捉害虫呢。

青蛙失踪之谜

青蛙是世界上易受水域和陆地生态变化影响的两栖动物，近年来，科学家发现，世界各地不同品种的青蛙普遍减少，有的甚至灭绝了。

青蛙找不到了

1982年夏天，美国加利福尼亚大学的韦克教授派他的学生格林研究一种有黄棕色斑点相间的青蛙。他让格林去内华达山附近的一个地方找，因为他知道那种青蛙在那里很多。格林到了内华达山，找寻了几天，一只青蛙也没有找到，心想：也许导师记错地方了。他回来写了报告说找不到青蛙。韦克看了不相信，他想：也许是格林粗心，没有仔细找吧！就说："明天，我陪你去找，那里这种青蛙绝对是有很多的。"

第二天，韦克和格林一起去了，找呀找呀，一只青蛙也没有找到，只找到几只蝌蚪。韦克教授大吃一惊，怎么这么多青蛙一下子失踪了呢？

后来他们又发现，在加利福尼亚州中部和北部青蛙聚居的地方，也见不到青蛙的踪影了，韦克教授极为震惊。正好他去参加第一届世界爬虫学大会，他在会上提出这个问题，他问：两栖动物只是在美国加州减少，还是在更大范围内减少？有些专家也说，在自己那个地区，也有相同的现象。

韦克教授是美国生物学研究院的院士，他在研究院会议上大声呼吁：救救青蛙！于是他们决定集合一群国际上著名的两栖动物专家一起来研究青蛙消失的现象。1990 年 2 月，创立了两栖动物研究突击队，有 12000 名科学家参加，全面研究两栖动物失踪的问题。

鸣响警钟

两栖动物是表示一般环境状况的重要指标。多数两栖动物都是幼年呆在水中，成年后呆在陆地。青蛙是极有代表性的一种，而且它们的皮肤极薄，极易渗透，水中或者陆地上环境的任何变化，都会对它们带来巨大影响。往往环境恶化了，人还没有觉察出来，两栖动物已经觉察出来了，可以给人提供早期警报。

两栖动物的生活很有趣，是极好的研究对象。中美洲的草莓毒蛙，雌蛙在森林的烂树叶上产卵，孵化成蝌蚪后，雌蛙背驮着蝌蚪，把它放在小水池里。青蛙长成后，它会从当地的节肢动物身上找到一种物质，合成自身的皮上毒素，色泽光亮。最近科学家已从毒蛙的毒素中，提炼出一种极好的止痛药。草莓毒蛙也越来越少了。

澳大利亚有一种青蛙叫胃孵式青蛙，雌蛙的卵受精以后，就把卵吞吃下去，把胃当作孵卵袋。科学家正在研究这种青蛙，要找到胃溃疡治疗的新方法。可是现在胃孵式青蛙已经找不到了，连实验室里的活标本也都死了，科学家失去了研究对象，好不伤心。

厄瓜多尔专家调查发现：过去有种青蛙多得不得了，一小时就能

抓到几百只。1990 年，一只也没有了。

委内瑞拉的拉玛卡教授在 1990 年，花了 300 多小时，一共外出调查 34 次，只发现一只青蛙和两只蝌蚪。

巴西圣保罗的一个地方，1979 年有 7 种蛙类消失了。有位詹姆博士是研究蝌蚪生态的，他曾多次重访故地，可是再也没有找到已消失的青蛙。

经过调查，一桩桩事实，触目惊心，给大家敲响了警钟。

杀害青蛙的嫌疑犯是谁？

许多事实说明，青蛙面临危机，这引起了世界科学家的关注，究竟谁是使青蛙减少、灭绝的凶手呢？

1. 农药和杀虫剂是重要嫌疑犯

世界上许多地区的青蛙们，利用了农业地区灌溉和牛羊等饮水的水渠繁殖它们的子孙，数量增加迅速。

科学家调查发现：农田的化学药物妨碍了青蛙的生长发育。

澳大利亚生物学家泰勒调查后认为：某些除草剂中的洁净添加剂妨碍了青蛙透过皮肤进行呼吸，还妨碍了蝌蚪用鳃进行呼吸。

波尔州大学的生物学家也认为：某些杀虫剂会分解成一种化合物，形成一种酸，会严重致残青蛙肢体，使青蛙变成残废。这样，有残疾的青蛙就没有能力逃避天敌的袭击，它们就越来越少。

科学家还发现，滴滴涕之类杀虫剂分解的污染物，会使雌树蛙雄性化，雄树蛙雌性化，这样就破坏了它们的生殖能力。而且这种污染物沉积在池塘、湖泊的底部污泥中，容易被两栖动物的幼虫吞进腹中。

所以科学家们研究后认为：使青蛙减少的重要嫌疑犯是农药和杀虫剂。

2. 酸雨也是罪魁祸首之一

科学家在实验室发现，几乎所有的青蛙的卵和幼虫放在酸碱度低于 4.5 的水中，就不能生存了。然而酸雨的酸碱度一般都在 3.5，可以使池塘、河流中正常酸碱度下降，造成青蛙卵和蝌蚪死亡。

好些国家的科学家都认为酸雨是造成池塘、湖泊中青蛙减少的罪魁祸首之一。

3. 水域里的鲑鱼

科学家又把青蛙栖息地作比较，哥伦比亚和委内瑞拉的青蛙栖息地几乎完全一样，哥伦比亚的青蛙生活得很好，而厄瓜多尔和委内瑞拉的青蛙却绝迹了。有人发现委内瑞拉的水域引进了鲑鱼，而鲑鱼是青蛙幼虫的天敌。鲑鱼是青蛙灭绝的原因吗？

还有地球臭氧层变薄，紫外线辐射量上升，使青蛙卵无法孵化成幼虫。

找来找去，杀手好像不只一个，所以科学家们认为，不应把一种因素作为两栖动物减少的惟一原因。也许是每个地区都有多种因素起作用的可能性，这是科学家们今后要研究的重点。

"青蛙公路"

看来摆在面前最要紧的是立刻采取行动，保护现存的两栖动物栖息地。

青蛙公路是什么路？它是人们特意为青蛙们造的一条公路。为什么要给青蛙造公路？这里有个故事。

在美国东部的缅因州，那里河渠密布，湖泊众多，在这些湖呀渠呀里面，有着许多鱼儿，还有一群群不同颜色、千姿百态的青蛙。每年夏天，它们就浩浩荡荡地越过河渠，穿过田野，集合到一个地方，熙熙攘攘热热闹闹。青蛙是在开会吗？是它们在生儿育女呢！年年都可以看到这样壮观的场面。

后来，人们在这儿修筑了一条高速公路，正好穿过青蛙们每年要走的那条路。到了夏天，青蛙们不管是公路还是田野，还是照老规矩，一群又一群登上了高速公路，往聚集地点赶路。可是，公路上的汽车川流不息，根本无法给青蛙让路，照样压过去，不少青蛙被压死在车轮下。青蛙少了，害虫多起来了。环保专家呼吁政府采取办法保护青蛙。

政府听取了大家的意见，专门拨了一笔款，在高速公路下面铺设了一条宽阔的通道，专给青蛙走。夏天到了，汽车在高速公路上走，青蛙们在公路下面的通道上赶路，走得顺顺当当，平平安安。这条路保护了千千万万的青蛙，人们给这条路取了个名字叫"青蛙公路"。

最近在加拿大的不列颠哥伦比亚省要修筑一条公路，那里树林密布。以往，工人们要在公路两旁挖沟，把沟里的植物统统清理得干干净净。这样青蛙就失去了栖息地，再也回不来了。这次却不是这样，他们接受了一位爬虫学家的建议：在沟里放一些砍下的树干和树枝。工人们照着做了，结果青蛙们仍旧能在沟里生活繁殖后代。

不难看出修筑成千上万条公路，有些直接侵占了野生动物的领地。但是人们已经注意到，改进公路的设计，还是有办法既便利交通又保护野生动物的。在英国有一条"蛇公路"，和"青蛙公路"一样，原来这条公路穿过蛇群迁移的地区，每年蛇群聚会的时候，就有成千上万的蛇被车轮轧死。后来人们架设了涵桥，让蛇顺利通过，也就成了"蛇公路"。

少年朋友，你是不是有兴趣，也来调查一下，你的家乡的河渠里、田野里，青蛙是不是减少了？如果减少了，你也来找一找减少的原因，相信一定会有很多新发现。

"六足使者"显威风

　　昆虫比人来到世界上要早得多，4亿年前就有了。地球上的昆虫已被人发现的有75万多种，但害虫只占其中的1％。然而害虫对农作物、树林、人类健康危害极大。所以人们发明化学杀虫剂、农药来防治害虫，提高了农作物产量。但化学药物也给人类带来不少麻烦，特别是近年来过多地依赖化学农药防治害虫所产生的恶果日益明显。据统计，从1947～1980年，世界各国使用杀虫剂的量增加了10多倍，

美国增加了28倍。农药，特别是烈性农药，使人类的健康受到威胁，全球每年有几十万人因农药中毒，不少人因此丧命。

滥用农药还破坏了自然界的生态平衡，许多动植物因此灭绝，地下水也遭到了污染。长期使用农药还使害虫产生了抗药性。

人们想出了以虫治虫的办法来消灭害虫，就是用寄生性天敌、捕食性天敌来控制和消灭害虫。

1988年，美国的柑橘园吹绵蚧害虫泛滥成灾，农场主从澳大利亚运进120只澳洲瓢虫，很快歼灭了来势汹汹的吹绵蚧，获得了柑橘大丰收。

以虫治虫最早还是中国的创造呢，大约在美国人启用澳洲瓢虫的1500年前，我们祖先著的《南方草木状》中就提到：南方橘园中树被害虫蛀，橘农买回猿蚁，赤黄色，放入橘园，大吃害虫，橘树平安无事。

小虫吃小虫

惠民小学开展种植活动，冬冬的小组种卷心菜，瓜瓜的小组种棉花。小苗苗长出来了，同学们十分开心，每天放学以后，都要去看看自己种的地，浇水啦，施肥啦。

卷心菜长得圆溜溜了，可是菜粉蝶在上面飞来飞去。冬冬他们高兴地说："小蝴蝶也来跳舞啦。"

几天以后，冬冬发现卷心菜叶子上有小洞洞，哎呀，是小青虫咬的。

小组同学一商量，小朋说："我骑车去买杀虫剂，把这些小混蛋统统杀死。"冬冬却说："杀虫剂要污染蔬菜和环境的。"有人就提议，大家动手捉虫，瓜瓜的小组也来帮忙。可是捉了好一会，还是捉不干净呀。

冬冬突然来了主意，他说："我听叔叔说可以以虫治虫，他是昆虫所的博士，去找他想办法。"

大家找到昆虫所，辛博士明白了冬冬他们的来意，忙说："这个容易，我给你们派一批七星瓢虫去就行了，它是菜粉蝶的克星。"

冬冬他们提了盒七星瓢虫到卷心菜地里放了，只见瓢虫展翅飞的飞，爬的爬，在卷心菜叶上大吃菜粉蝶的幼虫和卵。第二天，冬冬他们放学后再去菜地，虫子都被吃个精光。大家快活得跳起来说："小瓢虫真有本事。"

这时候，胖胖来了，他拿出个瓶子说："冬冬，我捉到几只大瓢虫，也让它们来捉害虫。"胖胖把瓶子打开，瓢虫飞奔而去。

第二天，上课的时候，芳芳哭了，金老师问她为什么？她说："昨天我们的番茄被大瓢虫吃掉好多叶子，还咬刚结的果子呢。"

冬冬说："你们番茄地在卷心菜地边上，瓢虫只捉害虫，不吃叶子和果子的。"

芳芳说："是真的，我亲眼看见的。"

金老师说："别争了，放学后我们一起去看。"

放学了，四年级（1）班在金老师带领下赶到地头，大家看到卷心菜地里的瓢虫正忙着吃菜虫。旁边番茄地里的瓢虫真的在吃叶子和果子。

金老师从番茄叶上抓了一只瓢虫，又从卷心菜叶上抓了一只瓢虫，把两只瓢虫托在手上说："看看这两只瓢虫有什么不一样，数背上的黑点点。"冬冬数了一下说："卷心菜地里的瓢虫有 7 个点，哇，那个瓢虫有 28 个点呢。"

金老师告诉大家，这七星瓢虫是益虫，专吃害虫。二十八星瓢虫是蔬菜害虫，专吃番茄、马铃薯、茄子的叶子和果皮。

这时大家才恍然大悟，胖胖却惊叫起来："哎呀呀，该死的二十八

星瓢虫是我昨天捉来的，以为它会吃害虫；原来它是坏蛋呀！"他说着动手捉瓢虫。金老师和同学们也一起捉二十八星瓢虫，有人开玩笑说："胖胖，幸好你只捉了几只，要不然，这块番茄地就完了。"

冬冬说："怪我们知识太少，原来瓢虫有好的也有坏的呀！"

冬冬回到家，好朋友瓜瓜来敲门说："不得了，我的棉花地里长蚜虫了。"

冬冬连忙打电话给叔叔，叔叔说："今晚我带一些草蛉回来，明天叫瓜瓜来拿。"

第二天一大早，瓜瓜就来了。冬冬说："叔叔一早出差去了，他说草蛉专吃棉蚜虫。"

他俩提着小篮子赶到地里，揭开盖子，一只只绿色的小虫子，身体细细长长，翅膀宽宽的，透明的，很美，一对复眼还闪着金光。它们飞向棉株间，就大吃起棉蛉虫和蚜虫。

瓜瓜小组的同学也都来了，他们拉着冬冬说："谢谢你！"

冬冬笑笑说："谢谢草蛉吧！哎，还有呢！"他掏出一个盒子，是一些纺锤形的小虫，把它放到棉叶间，真有趣，它们发疯一样捕食蚜虫。

瓜瓜问："这是什么虫呀？"

冬冬说："这也是叔叔留下的，他说这是草蛉的幼虫，叫蚜狮。"

瓜瓜说："怪不得吃起蚜虫来像狮子那么凶。"

柑橘树的保护神

小松跟妈妈回老家湖南新宁去，那里是橘乡，正巧是柑橘收获的季节。柑橘树密密层层，果树上橘子累累，远远望去一片橘红色，小松被迷住了，拉着妈妈要去橘园。妈妈被几位乡亲拉走了，一位大姐姐带小松去了橘园。

走进橘园，小松看到一种瓢虫，披着半球形的花衣，体态轻盈，在红果绿叶间来来去去，好像很忙的样子。小松问："大姐姐，这是瓢虫吧？"

大姐姐说："是的，它是大名鼎鼎的澳洲瓢虫，是前几年进口的。"

小松奇怪了："哇，虫子也要进口呀？"

大姐姐给他讲了个故事：那是80年代中期，我们新宁橘园里，出现了一种叫吹绵蚧的害虫，这种害虫是橘园一霸，它们爬在橘树的枝杈上，吮吸橘树的汁液，害得橘树又黄又瘦，慢慢地枯死了。

小松急忙说："大姐姐，可以用杀虫剂呀！"

大姐姐笑笑说："当然，我们赶忙喷洒农药，可是这种害虫身上有一层蜡质'防弹衣'，农药喷上去，它竟毫不在乎，一时杀不死它们。我们急得不得了，眼看着橘园要被毁灭了。后来，我们去农科院请教，那里的科学家出了主意说，有一种澳洲瓢虫是吹绵蚧的克星。可是我们又没有这种澳洲瓢虫，连忙向澳大利亚订货，进口了一批澳洲瓢虫。"

小松问："澳洲瓢虫不怕吹绵蚧的蜡壳吗？"

大姐姐说："开始我们还不大相信，不知这种瓢虫行不行。一试，把我们乐坏了。澳洲瓢虫的绝招真是妙，它们把卵产在吹绵蚧密集的地方，幼虫从壳里一钻出来，就会一下子钻进吹绵蚧的身体里，把吹绵蚧吃个精光。"

小松问："吹绵蚧真的被吃光了吗？"

大姐姐说："一只澳洲瓢虫每天要吃掉 60 只吹绵蚧，它们繁殖得又特别快，没多久就把吹绵蚧一扫而光，保住了果园，那年橘子大丰收呢。"

小松问："吹绵蚧没有了，澳洲瓢虫还留着干吗？"

大姐姐说："这些澳洲瓢虫就落户在橘园了。一亩地橘园只要有 10 只澳洲瓢虫，就能保证橘树平安无恙。"

小松又说："大姐姐，橘园就只有吹绵蚧一种害虫吗？"

大姐姐说："不，我从报上看到法国、摩洛哥的柑橘园里就出现过一种白毛蝇，使柑橘树差点死光，后来从智利引进一种小胡蜂，才救了柑橘园。"

大姐姐还告诉他，日本的橘园出现一种叫箭头蚧的害虫，农药费用花了 6 亿日元也没消灭掉。后来还是在中国的四川找到了一种寄生蜂制服了箭头蚧。

小松十分高兴在果园长了这么多知识，他认真地说："大姐姐，我长大了也要和你一样种橘树。"

"拯救非洲的虫子"

什么虫子能拯救一个非洲呀？是食虫螨，一种很小很小的、肉眼看不见的虫子。它长有8条腿（它的幼虫是6条腿），形状好像一个圆滚滚的绿色橡皮糖。

木薯是一种富含淀粉的块根，是世界上5亿多人的主要食粮。非洲人特别爱吃木薯。

木薯这种植物最早是在南美洲丛林中种植的，这里也是木薯螨虫的栖息地。

早在16世纪，当时葡萄牙水手经过南美洲，他们看中了这里的木薯，就把它带到非洲种植。螨虫却被留在了原地，没有能上船到非洲。非洲的木薯一年年长得特别好，一直生长了400年，从来没有发生过虫害。

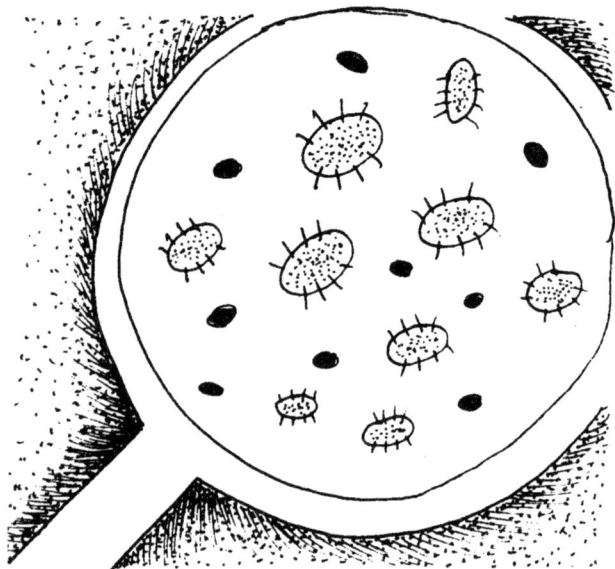

事情也真巧，1970年有一批农业机械要运往非洲，不知怎么，木薯螨虫竟混进去了，它们也横跨大西洋来到了非洲。这些螨虫到了非洲，先是在乌干达的一片木薯地里落户，然后在非洲大陆蔓延。因为没有天敌吃它，木薯螨虫越来越多，到1985年，螨虫已占领整个木薯种植地带了。

这时国际热带农业研究所与国际热带农业中心开展合作，这也是从拉丁美洲和非洲的科学家展开的一次宝贵的合作。他们到螨虫的原产地拉丁美洲寻找螨虫的天敌。他们想木薯是从拉丁美洲来的，木薯螨虫也住在那里，在它的原产地，一定有天敌。

经过10年的努力，科学家们终于找到一种能吞噬螨虫的生物。他们最初发现有一片木薯地长得特别好，没有被害螨啃咬。在这片地里的木薯上，找到另一种螨虫，它们个头很小，但却非常凶猛，它钻进害螨身体，在几分钟内，就把一只木薯螨虫吸成空壳。好厉害的家伙，它是专吃害螨的内脏的。科学家叫它食虫螨。

农民看到木薯叶子被害螨啃得光秃秃的，好伤心哇，忙着喷洒农药，但木薯仍要损失50％呢。

科学家对农民说：停止使用农药，我们用新招。农民们好奇地看着，可是因为食虫螨体形太小，肉眼无法看到它，所以农民只看见原来那些被害螨咬噬得光秃秃的木薯，没多久变得枝繁叶茂，神气起来了。他们实在不明白科学家用的是什么新招？后来才知道是使用了食虫螨。人们对以虫治虫取得的成功欣喜若狂。根据研究，用食虫螨防治害螨，农作物产量可提高30％，单是西非地区，食虫螨一年就给人们带来6000万美元的木薯利润。

科学家又利用食虫螨的跳伞技术（它能借助风力迁移1.6千米或者更远的距离），让它们的活动扩展开去。第一年，这种食虫螨扩展了11千米，第二年又扩展了19千米。后来连续在一些国家投放了几十次食虫螨以后，很快食虫螨的范围已扩大到非洲11个国家。

天敌公司

李清大学毕业后再也没有碰到同班同学柳燕。柳燕当时是生物系的高材生，对昆虫特别有兴趣，同学开玩笑叫她"中国法布尔"。

时隔 18 年，李清在出差的飞机上碰到了柳燕。老同学见面，分外高兴。李清知道柳燕在美国工作，就说："改行了吧？不会再造虫子了吧。"柳燕抿嘴一笑说："我在天敌公司工作，是美国农场主出资办的，是专门玩虫的。"

李清大为惊讶，瞪着眼呆了。柳燕滔滔不绝地告诉李清：美国人算了一笔帐，使用害虫天敌，每投资 1 美元，收益可达 30 美元。如果用杀虫剂，投资 1 美元，收益只有 5 美元，还要污染环境。这个公司已为 220 万个农场服务，现在已有 3 万～4 万个农场停止了使用化学农药。

天敌公司还把世界各国的益虫优良品种引进来饲养培育，再出口给别的国家。它投资低收效快，环境污染少，现在世界闻名了呢。

李清听得入迷了。柳燕又眉飞色舞地讲了天敌公司好多故事：在澳大利亚，开始有人从美国带了霸王仙人掌种在牧场四周，长成像铁网样的篱笆。谁知这种仙人掌长得飞快，牧场、农田给仙人掌占领了，用刀砍、放火烧都没用。

澳大利亚人从美国天敌公司进口一批专吃仙人掌的阿根廷蛾。它们狼吞虎咽，几年工夫，把 2.5 亿公顷的仙人掌吃得精光，夺回了牧场和良田。农场主们很高兴，还为阿根廷蛾立了碑。可是，阿根廷蛾没有仙人掌吃了，它们不会白白挨饿，就去吃农作物。农场主们又从天敌公司订购了一种小茧蜂。你别看这种小茧蜂小得可怜，几十个聚在一起，只有一粒芝麻那么大，可是本领不小。它会循着气味找到阿根廷蛾，用产卵管刺破蛾子幼虫的身体，产下一粒卵。一周后，小茧蜂就孵化成幼虫，把蛾的小幼虫当作美餐吃个精光。

还有的国家来订购赤眼蜂、黑卵蜂，因为他们那里水稻上出现了螟虫，松树上有了松毛虫，这些寄生蜂体形小，用产卵管刺入螟虫和松毛虫的身体，幼虫就会消灭这些害虫。

柳燕话锋一转说："我们中国也在开展以虫治虫的工作，已与世界10多个国家建立了天敌引种联系，曾引进过天敌182种次，输出天敌104种次。据说中国的害虫天敌有1000种以上，但目前还没有很好开发。我这次回来，就是想建立天敌公司，开发利用更多的天敌，为农业服务。"

接着她笑笑说："老同学，愿不愿一起干？"

李清笑笑说："我一出校门就改了行，怕是拾不起来了。不过我对你说的天敌公司很有兴趣，你开办起来，我愿意投资。"

柳燕和李清的手紧紧地握在一起。

新能源在向我们招手

新能源通常是指太阳能、水能、风能、地热能、原子核能、生物能等，它们都是不污染环境或很少污染环境的清洁能源。开发利用新能源，是我们人类的重要历史使命。

一、科学家指挥的一场战斗

公元前214年，古罗马帝国为了侵占地中海西西里岛，派出一支浩浩荡荡的舰队，直驶岛上的叙拉修斯城。岛上的古希腊人武器比较落后，可是为了保卫自己可爱的家园，决定拼死与入侵者作一场搏斗。

著名的科学家阿基米德担任了这场战斗的总指挥。他叫士兵磨光擦亮了一面巨大的铜镜，又命令士兵把手中的盾牌擦得光亮照人。

在一个晴空万里、阳光灿烂的日子，古罗马军舰高扬战旗，高奏军乐，气势汹汹地向西西里岛逼近。

阿基米德命令士兵把大铜镜抬上城楼，把巨镜对着灼热的太阳光，并调整好角度，使巨镜反射的太阳光聚焦在罗马军队的战舰上。他又命令士兵排队站在岸边，用擦得雪亮的盾牌，把阳光反射到战舰上。罗马士兵起初望着城墙上的大镜子和阿基米德的士兵高举的盾牌

金光闪耀，十分好奇，心想他们是玩的什么把戏呢？突然，罗马士兵发现自己一只舰船的帆缆起火了，接着，许多战帆和桅杆烧着了，继而战舰纷纷起火，火势越燃越旺，罗马军队崩溃了，烟火弥漫的舰队仓惶而逃。不可一世的罗马人还没打仗就失败了。他们不明白的是希腊人倒底使用的是什么武器，威力如此之大。

实际上，聪明的阿基米德早就知道，罗马的舰船是木制的，帆缆是由麻做的。他用巨镜和盾牌借来了太阳能，并把它们集中在罗马战舰的某一点，这样这个点的温度就迅速上升，从而导致燃烧。

这个古老的传说告诉我们，早在 2000 多年前，人们就开始利用太阳能了。

二、家家飞来"金凤凰"

在甘肃中部有一个贫困县，居住着回、汉、东乡等民族 16 万多人，山地占全县总面积 70％以上。过去，全年农村需要生活燃料（柴草）14.6 万吨，而每年农作物的秸秆总共只有 1.8 万多吨。为了解救燃眉之急，他们烧掉了大量的畜粪，另外还要到山坡上铲草皮、挖草根，甚至砍大树、拔树苗。就这样，大片大片的天然牧场，山顶坡面的植被，全被拖着黑烟的炉灶大口"吞掉"了。当地农民无奈地说："吃的愁，穿的愁，烧的更比吃穿愁。"

长期的挖草、砍树、烧畜粪，破坏了山地植被，造成水土流失，土地贫瘠，抗灾能力减退，区域生态形成恶性循环。农民们无奈地说："挖树，挖草，越挖山越秃，越挖雨水越少，越挖人越穷！"有些农民的全部家产竟不值 100 元。

科学扶贫的春风终于吹进了这个县。人们捕捉到了过去一直被忽视的取之不尽、用之不竭的清洁能源——太阳能。这个县处于大陆内地，气候十分干燥，大气透明度好，全年日照数平均在 2800 小时左右。用太阳灶的条件实在太好了！

为了推广太阳灶，县里办起了培训班。有个村子出了个热心的姬老汉。他从培训班里一回来，在村头架起了几只太阳灶，在灶前放了几个大爆竹，没有几分钟，"爆竹声中除旧岁"。接着，家家飞进了"金凤凰"。经过几天的尝试，把一家家主妇乐坏了。有位大嫂说："过去，我们哪天不为烧的发愁？为了省柴，很少有人做晌午饭的，只啃几块干馍馍。如今有了太阳灶，能烙饼、烧开水、炒菜、煮畜食。太阳灶就是金凤凰，给咱带来了好日子。"

用上了太阳灶，烧柴不愁了，省下的秸草牛羊吃得饱，畜粪多了

庄稼壮，粮食多了人欢笑。用上了太阳灶，节约了柴草，铲草皮、挖草根、砍树木的现象被制止了，山头山坡又泛青了，农业生态开始了良性循环，贫困县的帽子摘掉了。

三、超级的太阳能高温炉

世界上最大的太阳能高温炉在法国的比利牛斯山坡上。它的抛物面聚光镜有 9 层楼那么高，面积有 1830 平方米。这个大凹面镜是由 9500 块小反射镜组成的，它可以把安装在对面山上的 63 块巨型平面镜反射过来的阳光，聚集到前面的太阳炉中，使炉内温度最高能达到 4000℃。这样的高温是一般的高炉和电炉都达不到的。

四、太阳离我们很远，却又很近

太阳是离地球最近的一颗恒星。它硕大无比，炽热异常。太阳是一个直径有 140 万千米的球体，几乎是地球的 110 倍；体积则是地球的 130 万倍。如果把太阳比为一个篮球，那么地球只是小小一粒芝麻。

太阳发出的巨大能量是靠辐射的方式，越过了 1 亿 5 千万千米的遥远路程，来到地球的。这就是我们说的太阳能。

太阳能是一种自然的、不断再生的能源。太阳系已存在 40 亿年，据推算还能继续存在 60 亿年之久。因此，人们称它为"取之不尽，用之不竭"的能源，并不过分。

太阳能是一种无污染的清洁能源。阳光普照大地，到处都有，随

处可得，太阳能不需要开采，也不必运输。太阳能有这么多的优点，真是人类最有希望的新能源。

五、无形的能源

当春风温情脉脉地抚摸着你的面颊，撩拨着你的头发时；当狂风掀起屋顶，推倒大树时，小朋友，你是否对风有所认识，有所思考？

无形的风虽然看不到，却能使人感觉得到，这是因为它具有能量，可以产生作用力。风能是空气的动能。风大，其包含的能量也大。当风速为每秒 9～10 米的五级风吹到物体表面上时，每平方米的面积约受到 10 千克的压力，风速为每秒 20 米的九级风则可达 50 千克。风能是地球上的重要能源之一。全世界每年燃烧煤所获的能量，还不及风力在同一时间可提供我们的 0.1％，所以说，风能是一种大有潜力可挖的清洁能源。

人类早就懂得利用风能为自己服务。我国在 1000 多年前就开始利用风车抽水灌溉农田。在风车盛行的 19 世纪中叶，仅江苏省就有风车 20 多万台。在 18 世纪末，美国中西部的多叶式风力提水机多达数百万台。在 19 世纪末，丹麦拥有 3000 台工业用风车，用于家庭和农场的风车有 3 万台。荷兰至今还保留着风车节，荷兰的风车村吸引着世界各国旅游者。可见风车曾对人类社会的发展起过何等重要的作用，在人们的心目中占有何等重要的位置。

风帆结束了人力划船的历史，它也是人类利用风能的一个典范。风帆帮助人们跨洋过海，促进了世界各国的政治、经济、文化、科技、军事的交往，为人类社会的进步作出了重要的贡献。

然而，在蒸汽机、螺旋桨发明之后，人们似乎对风能利用的热情渐渐减退了。

今天，面对石油、煤等能源的日益减少，以及这些矿物燃料对环境污染的严酷事实，人们对开发风能的兴趣越来越浓厚了。

现在，全世界风力发电机的总容量已有 200 多万千瓦，超过了太阳光能发电量。这是因为风力机械的研究和开发历史悠久，积累了丰富的经验，技术上比较成熟，发电成本较低。目前，美国有座世界之最的风力发电站，它的 2 片风轮直径有 100 米，发电机功率为 3200 千瓦。它是一个有 30 多层楼高的庞然大物。

在航海史上，风能的利用得到了新一轮的发展。风机船的出现令人感到高兴，它把在陆地上用于发电抽水的风力机安装在船上，用它直接驱动螺旋桨航行。

六、让大海为人类提供清洁能源

汹涌澎湃的大海拥有巨大的能量，利用潮汐发电是人们梦寐以求的好事。在20世纪六七十年代，我国沿海刚建成的几个小型潮汐发电站就受到人们的欢迎。这种发电站所需资源丰富，又不排放污染物，真是太好了。

然而，国内外的一些潮汐电站建成后，出现了一些问题，如泥沙淤积，造成发电不正常；有的海上交通受干扰；有的渔业资源受破坏。所以人们正在努力攻克难关，在利用海洋潮汐能的同时，获取交通运输、水产养殖、旅游等多方面的综合效益。

七、向"地下热库"要能源

法国著名科学幻想作家凡尔纳写过《海底二万里》等许多科学幻想小说，其中许多奇思妙想都在今天变为了现实。然而他的一部叫《地心游记》的科幻小说，看来是很难变成现实了。因为这部科幻小说假想人类能驾驶钻地的探险车深入地下任何地方去遨游一番。

科学家依据地震波来推测地下物质的组成和性质，知道了地球的地下构成。地下分为3大层，最上面一层由硬岩石组成，平均厚度只有17千米多，称为地壳；第二层是地幔，由岩浆组成，离地面有2900千米；最里面一层是地核，处于高温、高压的状态，最高温度可达5000℃，且密度极高。无论怎样坚硬的物体，在这样高的密度下只能变成软软的液体。地球内部由于温度高、压力大，犹如一个大火炉。这个大火炉蕴藏着十分巨大的能量。地下的全部地热能，相当于煤炭总储量的 1.7 亿倍。在地下 3 千米范围内的地热能，仅按 1% 的利用率计算，也相当于 3 万亿吨煤的储量。

巨大的地热能是宝贵的清洁能源，世界各国正在努力开发利用。地处北极圈附近的冰岛国拥有温泉、热泉、蒸汽泉、间歇泉等多达 1500 多个，所以绝大多数的冰岛人家利用地热取暖。在首都雷克雅未克，家家都可利用地下热水洗澡、洗衣服和取暖。这个以地热能为主要能源的城市，清洁又美丽，是世界闻名的无烟城市。

我国也拥有丰富的地热能资源。西藏羊八井建有我国最大的地热电站，装机容量 2.5 万千瓦，为拉萨市电力供应作出了较大的贡献。

从污水中捞起的钻戒

有人说，废物是放错了地方的资源。这话一点不假。当前，人们把绿色技术应用于治理废物污染，就是使"废物资源化"，在治理废物污染的同时变废为宝，从废物中回收"可利用资源"。这样做，不仅可以有理想的环境效益，还使人类又多了一个"资源宝库"。

一、难忘的婚宴

有一次，美国一家大公司的总裁向相关公司的负责人、社会名流、各新闻传媒的记者以及一些科学工作者发了邀请书，请他们来参加他公司一位职员的婚宴。这么一家大公司的总裁，要为一个职工举办婚宴，引起了大家的新奇。因此，参加婚宴的客人早早地就赶来了，而且来得很多。

客人们按席就座后，宴会开始了。侍者端上一盘盘菜肴：雪鱼片、炸牛排、熏火腿肠、熏火鸡……这些菜大家平时都经常吃，可是今天吃起来，不知为什么味道特别鲜美。有人夸厨师手艺好；也有人暗暗在想，自己今天怎么啦，胃口这样好，吃每样菜都有好味道。但也有人暗暗思量，这菜也许是一种不寻常的菜。

新郎新娘来向客人们敬酒了。大家看到微笑着的新娘美丽又大方；还有，她手上戴着的一只珍贵的钻石戒指，在顶灯的照耀下，熠熠发光，特别引人注目。

在乐队的演奏声中，满座宾客饱饱地美餐了一番。宴会的主人——总裁先生这才拉了新郎向大家作了一个明确的介绍："各位朋友，各位嘉宾，这位新郎便是我公司废品处理站站长戴维先生。近10年来，他在资源的开发利用上，很有建树，是一位卓有成效的科学家。今天，是他的新婚佳日，他已经向各位介绍了一些成果，不知大家感觉到了没有？"客人们你看着我，我看着你，没有弄懂主人的意思。总裁先生清了清嗓子，向大家作了一个惊人的宣布："在座各位，我十分高兴地向大家宣布一个秘密，今天婚宴上的所有美味菜肴，都是用垃圾提炼出的产品烹调而成的。这里面有新郎戴维的功劳。"顿时，一片嘘哗声响，人们张大了嘴巴，瞪大了眼睛，难以相信这一事实。如此美味的菜肴，难道真的是用垃圾做成的吗？

戴维借着酒兴，把婚宴的菜肴向大家作了一番介绍。原来，有一种叫真菌的微生物，是吃石油的能手。石油中有一种物质，它的化学名称叫正烷烃，真菌吃了它可以将它转化为"石油蛋白"。这种石油蛋白中含有丰富的脂肪、糖类、多种矿物质和维生素等人体必不可少的营养成分。那么，能不能把这些营养成分充分利用起来呢？戴维和其他科学家们进行了长期的研究，取得了重大突破。婚宴上的菜肴，便是成功的果实。

好啊，原来如此！听了戴维的这番介绍，大家兴奋不已，为成功利用微生物制造"人造蛋白"，为人类开辟了新的可观的食物来源而叫好！

总裁和戴维又向大家通报了一个好消息。目前，世界科学技术高度发展，人类已经能把凡是含有纤维的物质，如破布废纸、杂草绿叶，用高科技作特殊加工，造出可以食用的高蛋白物质。

戴维说着说着，又拉着新娘的手，高高举起："高科技的发展，不仅能使垃圾变成美肴，还可以把其他废物变成宝贝。请看，她手上的这只闪闪发光的钻戒，就是从污水泥浆中提炼出来的。"大家又是一次惊奇。

满座的宾客真是太高兴了，这天，他们既尝到了美肴，又接受了不少知识。大家参加了一次难忘的婚宴。

二、废物花园

世界上有许多美丽的花园，然而，很少听说有一座用废物建造起来的花园。然而，在印度确确实实就有一座这样的花园。

20世纪50年代初，那克·昌特来到昌迪加尔公共工程部，一开始就负责管理通往苏卡纳湖的主要公路上一个占地8000平方米的垃圾堆场。那克·昌特，作为一名普通的公路巡查员，他看到随着城市建设的加快，每天都有许多建筑垃圾和生活废品倾泻到这里来。他想要不了多久，这里一定会出现脏乱不堪、臭不可闻的垃圾山。他不想看到这种景象的出现，于是日思夜想，终于想出了用废物建造花园的好办法。

20世纪60年代中期，他准备就绪，开始了对这块堆积场上的城市生活垃圾的清理工作。

他发现，在这块七高八低的垃圾堆场地底下，有一股流入苏卡纳湖的暗流。地上的小股水流都朝一个方向流动，汇聚成一条小小的溪流。那克·昌特就用破碎的陶器、五颜六色的石块拼成美丽的镶嵌图案把地面和溪岸美化起来。

建成的花园，艺术性很强。接照古希腊厅堂的式样建成的拱廊和弯曲的通道纵横交织，有曲径通幽之妙，每拐一个弯就迎面给人以一个新奇的感觉。登上一段阶梯再经过一条铺着瓷砖的小路，你会发觉

自己来到一块圆形凹地之中，宛如置身于一个古代竞技场内。巧妙合理的布局，使得这些无生命的石块都充满了活力。有几尊用未燃尽的煤块做成的人像雕塑栩栩如生，令人不禁叫好。

在花园的另一角，塑造着一些火星人。这些不可思议的天外来客，其实是由破碎的啤酒杯、茶缸和各种瓷器碎片拼成的。而花园里的另一组机器人塑像，则是利用各种装饰品的碎片做成的。

花园里还有两间别致的矮屋，一间供僧人坐禅修身，另一间为作家和诗人准备。矮屋室内布置十分幽雅整洁。室外的花木丛中，有一口新建的"古井"，是用建筑废石砌成的。它为园内的花草树木提供了稳定的水源。

如此特殊的花园，当然每天都能吸引许多的观众。

三、畅销的"植物滋养精"

在深圳有一家环卫化工厂，他们有一种叫"植物滋养精"的产品畅销全国 18 个省市。有位顾客用了这种"植物滋养精"以后，向记者介绍了它的奇效。他说，在将要枯死的栀子花上浇了几滴，不久，凋秃的枯枝上钻出了密密麻麻的嫩芽，新叶长得绿油油的，可爱极了。

这种神奇的"植物滋养精"倒底是用什么制造的呢？记者走进深圳环卫化工厂，大吃一惊：原来，人们丢弃的垃圾便是生产的原料。更让记者大开眼界的是，他们不仅利用垃圾制造了"植物滋养精"，还有深受用户欢迎的"洗洁精"、"消毒灭蚊剂"等等。记者在采访后深有感触地说："看来，从垃圾里面淘金子还大有作为呢！"

四、世界面临垃圾的挑战

    世界各国每年抛弃的垃圾越来越多，处理难度十分大。粗略估计，发达国家每人每年要制造垃圾 3 吨，发展中国家每人每年要制造垃圾 1 吨，全球每年所增加的垃圾大概有 100 亿吨。世界各国都陷入被垃圾围困的苦境。煤矿和金属冶炼炉中排出的废渣，造纸厂、皮革厂、化工厂排出的废水，农畜牧业排出的有机物，航海中舰船的油污，生活垃圾的倾倒，使人们的生存和生活环境一片肮脏。

    面对垃圾的挑战，人类没有别的选择，只有采用高科技手段，综合治理，变废为宝，向垃圾要效益。

五、变废为宝的美国

美国的居民、企业、轻工部门和机关每天要倒掉 2.2 万吨垃圾。为了处理这些垃圾，美国政府投资 70 亿美元，兴建了 90 座垃圾处理工厂，年处理能力达 3000 万吨。每吨垃圾燃烧后释放的能量，相当于一桶半石油的能量。为了充分利用垃圾这一能源，垃圾处理厂将粘结煤、城市垃圾、纸浆、农作物等纤维型垃圾混合起来，制成适于烧锅炉的燃料。这样，美国一年可以从 50 个城市的垃圾中得到相当于 2 亿桶石油的燃料气体。

美国还十分注意塑料袋的回收利用。因为制造新塑料袋所需能源是回收塑料袋的 3 倍。回收一吨塑料袋比制造一吨新的要节约 1.8 吨燃料油。

美国电话电报公司从无线电组件废料中提取黄金，从焊料废物中提取白银，从旧电话开关中提取锌，将碎塑料制成花盆和栏杆。

为便利垃圾处理，美国将垃圾分成可回收和不可回收两种，分堆集中放在路边，然后取走。超级市场设有金属罐回收机，顾客将废罐投入后，可获一张收据，在指定的商店兑换现金。

六、变废为宝的德国

德国的凯尔彭垃圾场是欧洲最大的垃圾处理场，它拥有现代化的设备和高新技术，可把垃圾中 60% 的金属、废纸、木材、玻璃、有机物和部分塑料分拣出来，回收利用。

德国还从钢铁生产的酸溶液中回收硫酸，从罐头工业废弃物中回

收可上市的醋，从造纸废液中回收化学药品。

在德国，居民的家门口，常见有黑、黄、蓝三种颜色的塑料桶。黄色塑料桶上有详细的文字说明，还画有各种包装物的图形，如塑料杯、金属罐和硬纸盒等，使人一看就知道应把哪些废物扔入该桶；蓝色塑料桶，只供扔废纸；黑桶则收集一般家庭垃圾。

七、变废为宝的英国

近年来，在英国出现了一种别具一格的垃圾反应堆。其外形像原子反应堆的安全壳，主体是一个大型塔状密封容器，外墙坚固，内有衬里，顶部有隔板罩。为防止垃圾腐烂后产生的酸性沥液渗入地下，地底浇注混凝土，并覆盖一层聚乙烯材料。这个反应堆可容纳300万吨的腐烂物质，通过抽气泵从反应堆竖井和卧井中抽出垃圾反应后产生的气体。这种混合气体可分离出高纯度的甲烷，用作化工和轻纺工业原料。这种混合气体本身也是一种廉价能源，可供居民作为取暖和炊用的燃料。

奇妙的植物

在五彩缤纷的植物世界里，约有 50 万种植物，其中与人类生活息息相关的粮食、蔬菜、果木、棉麻等栽培植物约有 600 多种。植物是人类赖以生存的基础。绿色植物用其光合作用的高强本领使大自然充满生机，使生灵万物生生不息。植物界还是一个五光十色、奇趣无穷的世界。

一、神奇的薄荷叶

1773 年，英国著名化学家普利斯特做过一个非常重要的实验。在密闭的玻璃罩内，他放一支点燃的蜡烛，玻璃罩内的空气变得浑浊了，蜡烛火苗不久就熄灭了。他又将一只小白鼠放在玻璃罩内，小白鼠开始还活灵活现，然而过了一会却苟延残喘，倒地而死。但是，只要在玻璃罩内同时放进一枝刚刚采摘下来的带有绿色叶片的薄荷枝条，点燃的蜡烛就仍将跳动着闪光的火苗，小白鼠也仍然活蹦乱跳。普利斯特当时就认为，绿色植物具有更新"污浊"空气的能力，清新的气体使蜡烛不断燃烧，使小白鼠能活下来。他的这个实验引起了许多科学家的浓厚兴趣。科学的进步，揭开了普利斯特实验的本质。原来，蜡

烛的燃烧和小白鼠的呼吸都要消耗空气中的氧气，同时放出二氧化碳。燃烧的蜡烛使玻璃罩内的氧气耗尽，使里面充满二氧化碳，蜡烛当然就要熄灭；小白鼠耗尽了玻璃罩内的氧气，使里面充满二氧化碳，当然就要死掉。而绿色植物具有一种特殊的本领，就是能在光下进行吸收二氧化碳和放出氧气的光合作用。因此，绿色的薄荷在光下能使玻璃罩内"污浊"的空气恢复新鲜，蜡烛继续燃烧，小白鼠能活下去。

二、纺锤树的"大肚子"

巴西东南部的冬季十分干旱，那里树木稀少，因为在特别干旱的环境中，不能适应的植物都被大自然淘汰了。然而，有一种叫纺锤树的勇士，却在这里傲然挺立。纺锤树是木棉科植物，树干两头比较尖，中间却又粗又大，其形状酷似纺线用的纱团。纺锤树干最粗的中间部分直径可以达到 5 米。雨季时，纺锤树大量吸收水分，它的"大肚子"

能贮藏 1 吨以上的水。旱季到了，它一方面落掉叶子，以减少水分蒸发，一方面动用体内贮水，供自身的不断需要。对它来说，那个大肚子简直就是一个"活水库"。

纺锤树顶端只有寥寥可数的枝叶，会开红色的花，整棵树活脱脱像插上几株鲜花的大花瓶，因而又有"瓶树"的美称。

三、奇特的千岁兰

在沙漠里，一般植物都把叶子缩小成针状以减少水分蒸发。可是，在非洲西南部的纳米布沙漠和安哥拉沙漠地带却生长着一种奇特的植物——千岁兰。千岁兰的茎又粗又短，根又直又深。茎顶下凹，像个大"木盆"，"木盆"两边却各有一片又长又宽的带状叶片。叶片宽约 30 厘米，长可达 3 米。由于沙石的磨损和干燥的气候，叶片常裂成许多细片，远远望去，整个千岁兰就像一只爬伏在海滩上的大章鱼。

千岁兰的两个巨大叶片能巧妙适应环境。因为，纳米布沙漠和安哥拉沙漠地区的气候有点古怪，它们是近海沙漠，在夜晚有大量海雾形成的露水滴落下来。千岁兰就可以利用它的又大又宽的叶片吸收凝聚在叶面上的水分，弥补土壤中水分的不足。千岁兰的根又直又深，可以更多地吸收地下水。

千岁兰的叶片基部可以不断生长，虽然叶片前端可能破损，但基部可以继续补充，因而叶片的寿命极长，一经长出，终生不换。千岁兰能在沙漠中活千年，是因为有了又宽又大的千岁叶，从而我们也看到了植物是怎样巧妙地适应自己的生存环境的。

四、冬虫夏草

在我国西藏、青海、四川、云南等地，海拔 4000 米左右的阴坡、半阴坡高山草甸中，生长着一种奇怪的植物——冬虫夏草。

冬虫夏草，顾名思义：冬天为虫，夏天为草，虫子变成草。

"冬虫"是一种叫蝙蝠蛾的昆虫的幼虫。"冬虫"形如家蚕，约 3 厘米长，在高山草甸土层中生活，食用珠芽蓼的地下茎。在幼虫活动期间，有的不慎把菌类的孢子吃到了肚里，孢子就在虫肚子里面发芽，长出菌丝。冬天，虫子虽然冬眠了，虫肚里的菌丝却没停止蔓延生长，同时把幼虫体内的营养"吃"了个精光。结果，虫子虚存空壳，里面满是菌丝体。春去夏来，雨水充足，气温适宜，这些隐藏了数月的菌丝体就从虫子的头部穿出，又冒出地面，一条细长、棍棒样的"夏草"就迎风而立了。

植物和动物有着千丝万缕的关系，冬虫夏草就是其中生动的一例。

冬虫夏草不仅是一种特殊的生物，而且还是一种特别珍贵的滋补强身药材。

五、完美的合作

拖鞋兰是一种特别有趣的兰花。它长着兜状唇瓣，看不到雄蕊和雌蕊，没有明显的入口，只是在前面脉络中间，有一道垂直的裂缝。花香把蜜蜂引入这条裂缝后，蜜蜂就来到半透明的天地，看到身边到处是蜜珠，乐滋滋地美餐一顿，可是想原路退出，谈何容易！原来，拖鞋兰唇瓣的边缘已在后面封闭了。蜜蜂只得沿着弯拱的柱头下的小道匍匐前进，勉强穿过小道，然而身上所粘的花粉已被刮去；然后再钻进布满花粉的过道，身上又粘满了这株拖鞋兰的花粉，从上面开着的小孔飞出去。就这样，蜜蜂从一只拖鞋兰飞到另一只拖鞋兰，在它们之间起到了授粉的作用，为拖鞋兰的繁殖作出了重要贡献，而奇特的拖鞋兰也为蜜蜂"免费"提供美餐。它们就是这样互惠互利地共同生活着。

六、大树演奏

瑞典音乐家托马斯，有次路过丽撒大林园时，听到了一阵阵打击乐器演奏的优美无比的大型"乐曲"。托马斯惊讶极了，环顾四周，根本没有庞大的乐团，甚至连一个行人也看不见。他潜心寻找"音乐"神秘的声源，只见无数个枝头在风中摇曳，发出"丁当隆咚"的声音。托马斯恍然大悟，原来这美妙悦耳的音乐是从那无数的枝头上传来的。托马斯躺在草地上，静静地享受着大自然的奇妙"乐章"，他陶醉了。不久，托马斯关于森林的新作诞生了。

大树怎么会演奏如此美妙的"乐章"？原来，这种树叫"捷达奈"，

是一种落叶乔木，树高干粗。它的果实呈菱形，壳又薄又硬，顶端还有个天然小孔。果内无肉，只有几颗坚硬的果实。当果实成熟后，在微风吹拂之下，果核会不断撞击脆薄坚硬的果壳，发生各种动人的音响来。树多果繁，无数果子发出轻重缓急不同的声音，就合奏出如此美妙绝伦的天然"乐曲"来了。

七、小小的"氮肥工厂"

氮是植物的主要营养元素。空气中氮约占五分之四，可是一般植物却没有本领直接从空气中获取氮。然而，大豆、豌豆等具有特殊本领的植物却能直接从空气中吸取氮，再把它转交给土壤。

原来，大豆等植物的根部长着许多大小不等的"瘤子"，叫"根瘤"。根瘤上有许许多多根瘤菌生存。

　　根瘤菌是菌类植物，它们靠土壤中腐烂的植物根茎活命。根瘤菌对大豆根分泌出的糖分真是太喜欢了，因此，它们最爱来到种大豆的田地。根瘤菌从大豆的根毛钻入根内，使根上长出一个个的根瘤。

　　根瘤菌可以从空气中吸取氮气，再把它变成大豆所需要的氮营养物，让大豆苗壮成长，开花结果。大豆也"投桃报李"，把自己经光合作用制造的糖分，慷慨地分送给根瘤菌享用。根瘤菌和大豆根瘤共同生活，互相帮助，成了难分难离的亲密伙伴。

　　大豆的根瘤就像一座座小小的"氮肥工厂"。每平方米大豆能从空气里固定氮约 9 克，相当于 51 克硫酸铵化肥。根据这一情况，我们可以充分利用大豆根瘤制造的氮肥，这就是把大豆和麦子或其他农作物进行套种、轮种。

八、奇妙的"气象树"

　　安徽省和县大滕村旁有一棵远近出了名的"气象树"。这棵大树高 7 米多，树围 3 米多，树冠面积达 100 多平方米，当地人都叫它为大朴树。这棵树发芽的迟早和树叶的疏密，可预报出当年雨水的多少。如果在谷雨前发芽，且芽多叶茂，预示当年雨水多，还往往会出现水灾；如果按时正常发芽，树叶疏密有致，预兆当年是风调雨顺的好年头；倘若推迟发芽，发芽长叶少，则预示当年少雨，还常常会出现旱情。

　　这棵"气象树"对雨量预报的准确程度不得不令人感到吃惊。如：1934 年它推迟到农历 6 月才发芽，结果当年出现了特大旱灾；1954 年它发芽早而且多，那年不仅降雨量大，还发了大水；1978 年它推迟到端午节才发芽，果然又是大旱灾年；1981 年它发芽时间正常，树叶疏密有致，当年和县风调雨顺，成了大丰收之年。

这棵"气象树"为什么能预报雨量和旱涝呢？科学家对此进行了调查研究，发现它对生态环境的反应特别敏感。为了巧妙地适应生态环境的变化，它能对气候的变化作出相应的反应。

在拉丁美洲的多米尼加有一种会报雨的"雨蕉"。"雨蕉"的形状和香蕉树相似，但比香蕉树大得多。它的绿叶肥硕而光滑，茎秆的组织非常细致、紧密，整个的树好像蒙上了一层防雨布。因而，如果周围环境温度高、湿度大、水蒸气接近饱和且在无风的情况下，植物的蒸腾作用受到了抑制，植物体内的水分只能通过叶子溢泌出来，形成水滴，不断从叶面流淌下来。这实际上就是植物生理学上讲的吐水现象。"雨蕉"的这种吐水现象，就成了天气转阴雨的预报。

九、能"监测"地震的植物

地震会对人类造成极大的灾难。为了减少地震对人类的危害程度，对地震的预测和预报就显得十分重要了。奇妙的是，科学家发现，有些植物能够帮助人类"监测"地震。

在地震多发的日本，科学家研究发现，含羞草等植物可以用来预测预报地震。在正常情况下，含羞草的叶子白天张开，夜晚合闭。如果含羞草叶片出现白天合闭，夜晚张开的反常现象，便是发生地震的先兆。如：1938 年 1 月 11 日上午 7 时，含羞草开始张开，但是到了 10 时，叶子突然全部合闭，果然在 13 日发生了强烈地震。1976 年日本地震俱乐部的成员，曾多次观察到含羞草叶子出现反常的合闭现象，结果随后都发生了地震。

在我国，科学家对地震前的某些植物的反常现象也作过调查研究。1970 年宁夏西吉发生 5.1 级地震，震前一个月，距震中 60 千米

的隆德县的蒲公英在初冬就提前开了花；1972年长江口地区发生4.2级地震，震前附近地方的山芋藤突然开了花；1976年2月初，辽宁海城发生了一次强烈地震，附近地区的一些杏树提前2个月就开了花；1976年7月唐山发生大地震，震前发现了许多植物的不正常现象——竹子开了花，一些果树数次开花。

那么，植物为什么能预感到地震即将来临呢？科学家研究认为，地震在孕育的过程中，由于地球深处巨大的压力，便在石英石中造成电压，同时产生了电流，植物根系受到地层中电流的刺激，体内就会出现相应的电位变化，引起反常现象。

十、绿色"镇静剂"

美国加利福尼亚州一座监狱的看守长，常常为犯人寻衅闹事而伤透脑筋。有一次，他无意之中把一伙狂暴的犯人换到一间浅绿色的牢房里。奇妙的情况发生了：那些原来一动就要暴跳如雷的犯人，一个个像服用了镇静剂似的，慢慢地平静下来了。看守长喜出望外，把牢房全都漆成绿色，并在户外的空地上都栽上了花草树木，牢房开窗便能见绿。之后，犯人闹事等突发性事件果然少了许多。

环境专家和心理学家研究认为，人置身在绿色的环境之中，皮肤温度可以降低1℃～2.2℃，脉博每分钟减少4～8次，而且呼吸减慢、血压降低、心脏负担减轻。绿色能缓和人的紧张心理，使人平静，为人们营造和睦友好的氛围创造条件。犯人在绿色的环境中，暴力行为自然就减少了。

植物趣谈

一、植物是大气的清洁器

为了迎接人类来到地球，绿色植物早已经创造了适合人类生存的大气环境：氧气占 21％，氮气占 78％，其余是氩气、二氧化碳、水蒸气等微量气体。

绿色植物还每天为大自然做清洁，为人类创造优美清新的生活环境，使人神清气爽，心情愉快地健康生活。

地球上，所有的动物都要呼吸氧气。一个成年人每天大约需要吸进 0.75 千克氧气，同时排出 1 千克的二氧化碳。1987 年 7 月，世界人口已经达到 50 亿。50 亿人每天约要呼吸氧气 35 亿千克，同时排出二氧化碳约 47 亿千克。况且，今天世界人口已超过 70 亿了。

由于人类的生产和生活活动，燃烧燃料所消耗的氧气就更多了。1990 年，仅我国就燃烧煤 10 亿吨，消耗原油近 1.38 亿吨，同时消耗的氧气就是这些数字的几倍了。由此而产生的二氧化碳、氮氧化物等有毒有害气体也是相当多的。

那么，地球上的氧气会不会越来越少，人类会不会感到氧气缺乏呢？对于这个问题，我们不必过多担心。因为绿色植物在进行光合作用时，会吸收大量的二氧化碳，同时放出大量氧气，从而使大气层中始终能保持大约20％的氧气，满足人类和动物的生存需要。

绿色植物是天然的"制氧机"、"二氧化碳吸收器"。1万平方米树林每天要吸收1吨二氧化碳，放出730千克氧气。只要每人平均拥有10平方米的树林或50平方米的草坪，就可以吸收掉一个人一天呼出的二氧化碳，提供一个人一天所需要的氧气。

绿色植物还能吸收大气中的有害气体。每公顷柳杉每天可吸收二氧化硫2千克；1公顷15年生侧柏，仅叶片每天能吸收二氧化硫1.52千克。另外，叶面能降下粉尘，被这种粉尘吸附着的二氧化硫有0.43千克，合在一起就是近2千克的二氧化硫。银杏、核桃、丁香、夹竹桃等都能吸收二氧化硫，女贞、木槿、洋槐、榆树等能吸收大气中的氟化物，桂香、栓皮栎、加杨等能吸收铅、汞、醛、酮等有毒物质，石榴能吸收二氧化氮……各种植物各有各的本领，"降龙伏虎"大显身

手，为大自然的清新而不停地"操劳"着。

二、植物会"报警"

植物的生长要受到内部因素和外界环境的影响，每种植物对环境都有一定的选择性。只有在适宜的环境里，植物才能正常地生长，如果植物生长的环境发生了特殊的变化，或出现了有害因素，某些植物在株体上会产生反应，甚至枯死。

在日本、中国、北美洲等地有一种叫紫鸭跖草的植物，它能"感知"到人既看不到也感觉不出的放射性元素低强度辐射。紫鸭跖草开的是淡蓝色的小花，这种小花在受到放射性元素的低强度辐射时，就会变成粉红色。人们观察到紫鸭跖草的小花由淡蓝变为粉红的"警报"，就知道低强度辐射的存在，应立即采取必要的预防措施。

人称"活火山"的爪哇岛班格拉果山，每当火山爆发前，山顶上总是先长出几株报春花来。因此，只要山顶上的报春花一出现，人们马上知道将有火山爆发的危险，远避灾害。

菜豆、红松、冷杉等植物对二氧化硫十分"过敏"，只要二氧化硫浓度超过一定范围，就会造成这些植物的枯萎或死亡，因此一些钢铁厂用这些植物来进行"生物监测"，了解周围的空气质量状况。

三、植物爱好音乐

如果谁家的阳台上玫瑰娇弱多病，窗台上的紫罗兰老不开花，院子里的橡皮树叶子老是耷拉着，不防试试用音乐给它们治疗。很多植物爱好音乐，但各种植物喜欢的音乐各有不同。只要音响合它的口味，花草和蔬菜都会枝繁叶茂。

美国植物科学家乔治·史密斯发现，玉米和大豆"听"了格什温的《蓝色狂想曲》后发芽特别好。他种的玫瑰简直是迷上了贝多芬的小提琴演奏曲，而仙人掌则把斯特拉文斯基当作它们的超级明星。

有的科学家通过反复试验认为，蔬菜和水果喜欢"听"古典音乐，尤其是贝多芬和柴可夫斯基的奏鸣曲。有人试验，在营养液中栽培西红柿、莴苣、大葱、菠菜等，定时播放古典名曲和芭蕾舞音乐，可使蔬菜增产。

英国生物界近年来做了大量实验发现，如果植物有适当的音乐相伴，根系往往比较发达，叶绿素也会比较明显地增加。

植物对所爱的音乐还会动情。我国云南西双版纳的原始森林中，生长着一种形状如花生的植物，别看它貌不惊人，却是典型的"音乐迷"，一听到优美动人的歌声，就会情不自禁地摇摆晃动，犹如翩翩起舞。

法国物理学家兼音乐家乔尔·斯顿海默是位"为植物作曲的音乐家"。他为植物谱写了一些奇妙的乐曲，这种乐曲能促进植物生长。他的乐曲很别致，其中每个音符都与蛋白质一个氨基酸所对应。当植物听到适当的音乐时，就会产生更多的蛋白质。听了他的乐曲，西红柿所结的果实比对照的一般西红柿大 2.5 倍，而且味道更甜美。

有的植物科学家认为，轻柔音乐会促进许多植物的新陈代谢；而喧闹的声浪则会扰乱植物的正常的生理机能，乃至使其完全停止生长。演奏粗犷的摇滚乐，可使牵牛花的叶子很快下垂，最迟 4 个星期后便一蹶不振，干枯死亡。

植物为什么喜欢音乐？植物最喜欢什么音乐？这将是 21 世纪值得深入研究的课题。

四、植物的自卫

各种各样的植物在长期的生存竞争中，渐渐形成了各式各样的防御性"武器"。

特异气味是某些植物的惯用武器。药用百里香和昆尾草，使动物闻到后就厌恶，更没有食欲。胡椒、芥子和辣椒的叶子，虽无难闻的气味，其果实和种子也无毒，但含有刺激性物质，使动物避而远之。

有的植物利用毒素防身。当植物被摸碰或被吃掉时，这种毒素便发挥作用了。有趣的是，植物的毒素往往集中在最容易受到外来袭击的部位，如制造食物和繁殖后代的果实和花。富含乳汁的植物多半有毒，如除虫菊内含除虫菊素，合金欢含有剧毒的氰化物等。

不少植物的组织可以分泌粘液于植物表面，以捕捉来犯的昆虫，如虎耳草的叶子上常有一些昆虫尸骸，那就是被粘性保护物捕捉的。

不少植物长有针刺，这也是一种自卫的武器。仙人掌、洋槐身上

都有由叶子变态而来的叶、刺，板栗的刺长在种子外面的总苞上，动物无法吃。某些植物把针和毒两组防御武器结合起来，自卫能力就更强了，螫人荨麻就是这样的植物。

许多植物对病害的抵抗力是相当强的，它们受伤后，伤口很快就会愈合，侵入的微生物也会被杀死。

五、伪装的植物

在非洲南部的一些地区，气温高，雨量少，而且降雨集中，旱季较长，一般植物很难生存。然而，这里却生长着一种伪装的草——拟态生物生石花。

生石花属番杏科植物，长得如同石头。生石花生活的环境，周围都是沙漠地区，有不少的卵石。它的颜色、形状与卵石惟妙惟肖，叶肥厚多汁，裹成卵石状，能贮存水分。生石花会开金黄色的花，非常好看，而且一株只开一朵花，可惜开一天就凋谢。正因为这样的"石头"也能生长、开花，人们才称它为"生石花"。

生石花生成这个样子，当然是为了鱼目混珠，蒙骗动物，避免被吃掉。生石花不仅形状如同石头，而且喜欢与砂砾乱石为伴，要是离开了这种环境就很难活命。这说明，自然的选择是多么的无情，生石花这个世代经自然选择的幸存者，正是由于有了这样的伪装，才生存了下来。

六、"夫妻树"奇闻

"夫妻树"在古代称为"连理枝"，这是树木中与人类夫妻般相依而生的一种现象。

浙江西部天目山国家森林公园里，有一对"银杏伉俪"。两棵老树的基部和树干紧贴在一起，树枝、树冠交错，"枝枝相覆盖，叶叶相交通"。它们久经沧桑而相依为命，因而人们赞美不已："情意绵绵，形影不离；你搀扶我，我翼护你；同承雨露，共斗霜雪；天长地久，两情如一。"

台湾有对"夫妻榕"，它们生长在高雄县桥头乡仕隆小学内，两棵老榕树相距4米。百年春秋，同浴日光月辉，共度风霜岁月。多少年来，它们默默无言地幸福生活着，世人也常投来赞美的目光。在它们的垂暮之际，"夫妻深情"的这对老榕更使人震惊。据报道，近年来，由于其中一株日渐枯萎，人们不得不采用各种措施进行抢救，但终于回天无力。一棵老树枯死后，另一棵活着的老树则发出"嘎吱"声，随后一声轰然巨响，20多吨重的树体连根倒向枯死的老榕。真是：

"百年老榕夫妻树,情深但愿同日死"。

七、火灾中的救命树

1923 年 8 月下旬,日本东京的天气变化异常,时而闷热,时而下雨,时而落冰雹,还经常起大风。生活在地震多发地区的人们,感到这是一个不祥的预兆,大家心情开始紧张起来了。母亲不再把小仓健送到幼儿园去了,放在家里,自己照顾着。9 月 1 日中午,怪异的黑云又从天边迅速涌来,遮去了太阳,铅黑色的云层,把天空越压越低,狂风顿起。小仓健的母亲觉察到了外面的不同寻常的变化,她不安地放下碗筷,抱起了小仓健,朝外面走去,躲在自家园子里的大树下面,忽然,她感到周围的一切都开始晃动起来。天边又闪出一道道蓝光,接着便传来一声声沉重的闷响，房屋随之剧烈地上下颠簸起来，发出"嘎吱嘎吱"的声音，墙上、桌上的东西"呼啪呼啪"往下掉。"地震了!""地震了!"到处都有人高声呼叫着。"轰"地一声巨响，小仓健家的屋子在他们的身后倒塌了。小仓健紧依在母亲的怀里，在大树下度过了非常不安的一天。

自中午发生地震后，余震一次接着一次发生，许多房屋都倒塌了，商店没有了，学校没有了，人们无家可归了。但令人最最不安的是地震引起的火灾正在东京迅速地蔓延开来！当时日本的房屋建筑大多是木结构，一旦被火烧着，后果不堪设想。果然，无情的大火在狂风的助长下，来到了小仓健家的附近。无情的大火吞噬着已倒塌的木屋和人们的生活设施，幸免于难的人开始慢慢地向公园和开阔地转移。小仓健与母亲来到银杏树林中，在一棵高大挺拔、枝叶茂盛的银杏树下坐下，忧虑地望着被火染红的天空。没过多久，大火便烧到了他们所在的这一地区，公园也成了一片火海，无处可逃的人们陷入了大火的包围之中。听着丧生于火海的人发出的绝望惨叫，小仓健吓得紧紧闭上眼睛，搂着母亲的脖子，无奈地等待着可怕的一切发生在自己的身上。小仓健甚至感到那灼人的热气，闻到了焦糊的味儿。然而，时间一分一分地过去了，附近不远处的一切都烧成了灰烬，而小仓健藏身的银杏树林却并没有燃烧起来，只是有些树叶焦枯了。藏身在银杏树中的人们个个幸免于难！

大火整整烧了三天三夜，东京一半以上的房屋都被烧毁，5600多人火中丧生。而许多像小仓健他们那样躲在园林银杏树下的人们却免受火劫之难，这个谜底很久以后才被揭开。

原来，大自然中有一些天然的防火树种，如：罗汉松、泡桐、冬青、槐树、白杨、珊瑚树等，银杏也在其中。它们的树叶少蜡，表皮质厚，含大量的水分，平时是一座座天然的"绿色水库"，火灾时便是天然的绿色屏障。

成人后的小仓健始终没有忘记救命恩人——银杏树。为了纪念那次难忘的遭遇，他在自家园子里栽了两棵银杏树。

八、有趣的植树风俗

树木是人类的保护神，植树造林，是世界各国人民都乐意做的好事。世世代代的植树造林，在各国各地区都形成了自己的风俗。

新婚树

日本长野县南相木村政府规定，从 1980 年起，新婚夫妇必须栽活五六棵树，为营造"新婚森林"出力。植树后，新婚夫妇在树前立碑，写明姓名及结婚日期。新婚树权益属栽培者所有，但须五十年后方可砍伐。日本鹿儿岛还建立有"新婚旅行纪念植树园",供旅行结婚者种植"新婚树"。

夫妻树

　　印度尼西亚爪哇岛的卡布米地区,有一种风俗。青年男女在结婚之前必须先种活五棵树,名叫"夫妻树"。到结婚时,夫妻双双来到他们栽的"夫妻树"前立誓,以保证自己对爱情忠贞如一,决不见异思迁。

庆功树

　　我国南北朝时期,北朝东魏 10 万大军进犯关中,西魏大将宇文泰带领 1 万精兵前去抵抗。在沙苑(今陕西大荔)地区,宇文泰利用当地的芦苇、树丛巧设埋伏,打了大胜仗,俘敌 7 万之多。宇文泰既不立碑,也不摆庆功酒,而是命令全体将士在战地每人植树一棵,以表彰庆功。

定居树

我国傣族人民素有植树的习惯，他们每到一处定居，总要植"定居树"。如果再迁往另一个新的地方去，也是要带上一些树，栽植到新居地周围。

家庭树

波兰人爱种树。他们有一条不成文的规定：谁家生了小孩，都要种植三棵树，称之谓"家庭树"。

儿女树

生儿育女要种树，各国各地区有此风俗的不少。我国贵州山区的苗、侗少数民族，千百年来流传着一种种"儿女杉"的好风尚。不管谁家生了孩子，都要到房屋后种几十株杉树，当孩子长到18岁左右，杉树也成材了。

沙漠里的故事

一、罗布泊的悲歌

上海出了个"当代徐霞客"，他的名字叫余纯顺。余纯顺长须飘冉，黑发披肩，古铜色的脸膛，一对明亮的眼睛里闪烁着勇敢和智慧的光芒。他是一位智勇双全的钢铁汉子。他曾以超越常人的勇气和毅力徒步8年，穿破56双旅游鞋，走了4.2万千米的路，走访了32个少数民族，四进内蒙草原；更了不起的是，他沿川藏、青藏、滇藏、新藏和中尼公路五条险道，多次穿越世界第三极地——西藏，创下了世界之最的纪录。然而在1996年6月，余纯顺却在穿越"死亡之海"——罗布泊时不幸蒙难。

余纯顺的壮举令人敬佩，余纯顺的不幸发人深思。6月的罗布泊，气候和地理环境极端恶劣。大风一起，沙暴如山滚动，白天的地面温度可高达70℃以上。余纯顺纵然有强壮的体魄，超人的智慧，丰富的经验，也未能完成穿越"死亡之海"的宏愿。今日的罗布泊，成了一个可怕的名字。

二、考古学家的发现

为了考察罗布泊之谜，许多科技工作者冒着生命的危险进入"死亡之海"的腹地。

有位考古学家发现了古罗布泊人的墓葬，发掘出了一具女干尸——那是3500多年前一位少数民族妇女：尖下颌，深眼窝，高鼻梁。

女尸的上身裹着一条手工编织的羊毛布，下身围着一块羊皮，头上戴着一顶羊皮小帽子，帽子上还插着两根野雁翎。墓穴里还有枝条和草编织成的箩筐和篓子。

楼兰女尸身上的羊毛和羊皮告诉我们，当初的罗布泊有着"风吹草低见牛羊"的美景；楼兰女尸帽子上的野雁翎可以作证，那时的罗布泊是飞鸟走兽的乐园；楼兰女尸墓穴里的篓筐向我们诉说，当初的罗布泊不仅有树木花草，还有街巷交织、店摊错落的城区闹市，楼兰妇女带着篓筐赶集市是她们生活中的一件常事。

三、罗布泊有过美丽的青春

透过历史的尘烟，我们可以看到罗布泊如画似诗的青春。昔日东连丝绸之路、北倚库鲁克山麓、西接塔克拉玛干大沙漠、南靠阿尔金山西北麓的罗布泊，是塔里木盆地众多河流的汇集点。美丽的孔雀河，引来了博斯腾湖的碧水；"沙漠母亲"塔里木河，引来昆仑山"西王母"的甘露……罗布泊水量丰满时，水面有5300多平方千米。那清水碧波上，群鸥相逐，白鹤戏水，鱼儿跳跃；岸边有茂密的蒲草、高大的芦苇、傲然挺拔的红柳。

早在新石器时代，罗布泊周围已经有人类活动，人们在那里从事渔猎采集。后来出现了原始农业，人们在湖泊周围定居，产生聚落，再从聚落发展，建立城郭、绿洲王国。位于古孔雀河冲积三角洲下部，濒临罗布泊北头的楼兰王国就是这般形成的。

唐朝大诗人王昌龄的《从军行七首》里边有这样的诗句"黄沙百战穿金甲，不破楼兰终不还"。

诗里的"楼兰"指的是汉时西域的鄯善国，在如今新疆罗布泊的西边。古代那里不但十分繁华，还是一个兵家必争之地。

四、楼兰王国的湮灭

在汉帝通西域诸国与丝绸之路开通以后，楼兰已发展成为西域36国中的一个大国。楼兰是汉进西域的第一门户，汉要控制西域，首先要控制楼兰，还要保护好沿塔里木河下游的绿色走廊，使供给不断。这就要在楼兰驻兵屯田，设置官吏，就地解决粮食问题。随着内地先进的农田水利技术带进楼兰，绿洲五国得到了进一步开发，生产提高了。《汉书》记载楼兰国"户千五百七十，口万四千一百，胜兵二千九百十二人"。到公元400年，东晋高僧法显西行求经路过此地，"有四千余僧"。刘裕、北魏时，鄯善国有八千余户人口。这些都是绿洲五国经济发展、人口兴旺的见证。

楼兰王国凭藉其优越的自然地理条件和在古丝绸之路上的重要地位，繁荣了几个世纪。公元542年，楼兰王国的全体国民在一个叫鄯未的人的带领下，背井离乡，向北方的伊吾（今哈密）远征。到公元630年，楼兰人就影迹全无了。从此，楼兰从地图上消失了。

楼兰王国之所以湮灭，实质上是自然环境恶化的结果。汉代内地水利技术传入楼兰，当地人学会了筑渠引水，孔雀河、塔里木河的大量河水用于灌溉，盛产小麦、糜子。两条河的河水不再流入罗布泊，从而使罗布泊西岸沙化，原先水草、胡杨丰茂的绿洲渐渐变成风沙弥漫之处，楼兰人失去了生存的条件，只好远离。

五、罗布泊的衰亡

罗布泊的衰亡，也是自然环境恶化的结果。

有人把罗布泊的衰亡，归罪于塔里木河，这是不太公正的。当罗布泊 19 世纪 20 年代出现"病危"时，塔里木河于 1921 年奇迹般地从南向北飘动，清澈的"甘露"洗刷了罗布泊的病容，使其再度焕发青春。直到 1931 年，罗布泊的水面尚有 1900 平方千米。进入 20 世纪 60 年代，它才渐渐枯萎。

人类在罗布泊地区生活了几万年，他们创造的物质文明在几百年中被毁灭，除了不可抗拒的气候变迁之外，人为的作用是主要因素。围垦、战争、伐林、毁灌、掠夺，使这一生态脆弱地区的环境日趋恶劣，终于成了"死亡之海"。

六、世界沙漠之王

非洲的撒哈拉沙漠是世界沙漠之王，面积 860 万平方千米，相当于 200 个丹麦那么大，从东到西横跨 11 国国境，几乎占据了整个北部非洲。

1957 年，法国考古学家罗特曾率领考察队来撒哈拉大沙漠。他们历尽千难万险，终于在沙漠的塔西里高地上发现距今 8000 年前的城堡废墟，还有一幅幅迷人的古代壁画。壁画生动地反映了当时人类的渔猎生活和欢乐歌舞的情景。使人更感到惊奇的是，壁画真实地再现了撒哈拉大沙漠有些地区由水草丰美的牧场变为大片沙漠的过程。这一重大发现，引起了许多科学家的关注。随之而来的地质学家又从那里

挖掘出当年生长的阔叶树种的化石，更进一步证明了撒哈拉大沙漠原来并非如此。

七、五彩缤纷的沙漠

美国的可罗拉多河大峡谷东岸的阿利桑那沙漠，由于沙石中含有远古火山熔岩的矿物质，呈现粉红、紫红、金黄、蓝色和白色。沙地五色争艳，奇丽无比，使人眼花缭乱。有时在阳光的照耀下，半空中随风飘荡着五彩缤纷的烟雾，格外迷人。

在美国新墨西哥州的路索罗盆地，一望无际的白沙，勾勒出一个银色的世界。那里的一些动物，如囊鼠、蜥蜴等，为了适应严酷的环境，身躯也都变成了白色。这片沙漠是由于 1 亿年前的石膏质海床几经变化，石膏晶体被风化剥蚀而演变成的。

澳大利亚辛普生沙漠是红色的。在阳光照耀下，沙砾红彤彤地闪闪发光，显得异常美丽壮观。如喜逢降雨，沙漠中的小植物发芽、抽枝、展叶，便成了"万红丛中一点绿"，更加增添情趣。红色沙漠形成的原因是铁质矿物长期风化，使沙石附上了一层氧化铁的红色外衣。

在中亚细亚土库曼的卡拉库姆沙漠，是因黑色岩层长期风化而成的。沙漠黑压压的一片，显得阴阴沉沉，无边无际。黑沙漠里还有一种奇异的景观，那就是"光打雷，不下雨"。因为雨点还未落地，就被沙暴吸收，化为水雾飞走了。

八、埋没不了的敦煌莫高窟

举世瞩目的文化瑰宝——敦煌莫高窟，与高达100多米的鸣沙山相距只有1000米之远。在1600多年的漫长岁月中，莫高窟却始终没被鸣沙山埋没。

曾有不少专家担心，这座高山的沙漠如果向东侧的莫高窟快速移动，对莫高窟的威胁就大了。也有人断言，鸣沙山会在数十年内埋没莫高窟。为此，有关部门先后在莫高窟上建立多种阻沙设施，以保护这一世界文化宝库的安全。

中国科学院兰州沙漠研究所等单位的科研人员，通过动态监测和航空照片分析，以及精确的理论计算，对莫高窟附近的风沙运动规律、危害规律进行了多方面的研究，初步掌握了鸣沙山的运动趋势，同时也揭开了自然科学的这个谜。科学家认为，是莫高窟顶部平坦的戈壁，为阻止鸣沙山向窟顶移动创造了条件。这片戈壁以其平坦、突出和坚硬等特点，形成了一个良好的天然"输沙场"。那里风向多变且风速大，因此，流沙很难堆积停留，即使有少量积沙，也很快会被偏东风吹回鸣沙山。鸣沙山要"东移"谈何容易！

据目前测算分析，实际上鸣沙山每年向洞窟方向移动不会超过

0.31 米，按照这个速度，即使再过 1000 年，莫高窟也不会被鸣沙山埋没。这块文化瑰宝仍会熠熠发光。

九、让沙漠早日重披绿色新装

在内蒙古伊克昭盟的库布齐沙漠，每天都可见到有位白发苍苍的老人挥动铁锹，种植一棵棵幼嫩的树苗。这位年过 90 的老人，就是日本著名的治沙专家远山正瑛。他不仅为改造日本的沙漠作出了巨大的贡献，取得了卓越的成效，还为改造库布齐沙漠捐助了 200 万元，并"安营扎寨"，向风沙宣战。远山老人一生最崇高的愿望就是，让沙漠早日重披绿色新装，让贫瘠的土地尽快焕发青春的活力。

十、人们不会忘记他

　　700多年前，一代天骄成吉思汗在进攻西夏，征战到伊金霍洛旗时，被眼前草原的美景和膘肥体壮的牛、马、羊群迷住了，将马鞭朝地下一指，嘱咐他的家人："我死后要葬于此！"这就是如今的鄂尔多斯大草原。谁知700年后，沧桑巨变，成吉思汗长眠之处变成了茫茫沙海，沙暴把周围成千上万的乡民逼走他乡。20世纪70年代初，共产党员王玉珊来到此地，担任治沙站站长。他带领职工一头扎进沙漠腹地植树造林几十年，造林10万公顷。茫茫沙海中开始恢复"天苍苍，野茫茫，风吹草低见牛羊"的草原风光。成吉思汗墓在绿丛中又一次展现其雄姿。可是，王玉珊却倒在治沙的征途中了。他用自己的血肉之躯筑起了绿色长城，也在人们的心头竖起了不朽的丰碑。